U0343907

芦笋节水省肥绿色高效生产技术

浙江省农科院环境资源与土壤肥料研究所　编

孔海民　吴春艳　陆若辉　主编

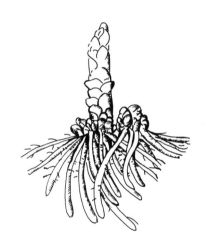

广西科学技术出版社

图书在版编目（CIP）数据

芦笋节水省肥绿色高效生产技术 / 浙江省农科院环境资源与土壤肥料研究所编；孔海民，吴春艳，陆若辉主编 . —南宁：广西科学技术出版社，2021.6

ISBN 978-7-5551-1542-7

Ⅰ.①芦… Ⅱ.①浙… ②孔… ③吴… ④陆… Ⅲ.①石刁柏—蔬菜园艺 Ⅳ.①S644.6

中国版本图书馆CIP数据核字（2021）第088282号

芦笋节水省肥绿色高效生产技术

浙江省农科院环境资源与土壤肥料研究所　编

孔海民　吴春艳　陆若辉　主编

策划编辑：罗煜涛	责任编辑：李宝娟	
助理编辑：陈正煜	装帧设计：梁　良	
责任印制：韦文印	责任校对：阁世景	

出 版 人：卢培钊
出版发行：广西科学技术出版社
社　　址：广西南宁市东葛路66号　　　　邮政编码：530023
网　　址：http://www.gxkjs.com
经　　销：全国各地新华书店
印　　刷：广西社会福利印刷厂
地　　址：南宁市秀厢大道东段4号　　　　邮政编码：530001

开　　本：890mm×1240mm　1/32
字　　数：119千字　　　　　　　　　　印　张：4.5
版　　次：2021年6月第1版
印　　次：2021年6月第1次印刷
书　　号：ISBN 978-7-5551-1542-7
定　　价：25.00元

编委会

前　言

芦笋是一种营养保健型蔬菜，在国际市场上享有"蔬菜之王"的美称。在我国，尽管芦笋栽培历史不长，但自20世纪70年代开始种植后其面积迅速扩大，特别是通过设施栽培后，种植面积更是快速扩大。如今，中国已成为世界上芦笋种植面积最大和出口量最多的国家。同时，芦笋的保健、防癌作用也引起了大家的关注，芦笋已成为深受国内广大消费者喜爱的保健型蔬菜之一。芦笋属于边生产边采收的作物，由于其生物量大，产量较高，因此在生产上对水、肥的要求更多，而且作为广大消费者喜爱的保健型蔬菜的芦笋，不仅食用品质要好，还应该是安全、没有农药残留隐忧的。因此，生产上如何提高水、肥的利用率，实现无公害芦笋生产，是芦笋生产经营者迫切需要解决的问题。

编者在对浙江省芦笋主产区的多年生产研究和生产实践的基础上，总结了全国各地专家在芦笋栽培中的成功经验，以图文并茂的形式介绍了芦笋的节水技术和高效栽培技术，内容包括芦笋生物学特性、主要品种及特点、需水需肥规律、节水技术和栽培关键技术等。本书的出版，旨在促进芦笋节水和节肥技术的规范化、标准化发展，提高水、肥的利用率，实现产品安全化生产，增强我国芦笋产品在

国内市场和国际市场上的竞争力，提高种植效益。本书可供广大芦笋种植者和农技人员参考使用。

由于编者水平有限，书中难免存在疏漏和不足之处，敬请各位读者批评指正，以便今后修订、完善。

编者

2021 年 5 月

目　录

第一章　芦笋生物学特性

芦笋，学名石刁柏（*Asparagus officinalis*），百合科天门冬属多年生宿根性草本植物。芦笋本指石刁柏的嫩茎，因其嫩茎形似芦苇的嫩茎和竹笋，故国内很多人将石刁柏改称为芦笋。芦笋为雌雄异株，是一种多年生宿根性草本植物，以食其嫩茎为主，一次栽培，多年受益，一般可连续采收 10 ～ 15 年，日本曾有采收 40 年的记载报告。因栽培方式不同，芦笋又有白芦笋和绿芦笋之分，前者多用于罐头加工，后者主供鲜食和速冻。芦笋嫩茎质地细腻，纤维柔软可口，有独特的芳香风味，是一种高档营养保健型蔬菜，被列为世界"十大名菜"之一，在国际市场上有"蔬菜之王"的美称，深受消费者的欢迎。

第一节　芦笋植物学特性

一、根

（一）根系的主要特征

芦笋的根系属于须根系，根群发育特别旺盛，具有长、粗、多的特点。根系的分布一般呈水平向，横向分布长度达 3 m 左右，纵向也可达 2 ～ 3 m，但大多分布在离地表 40 cm 左右的土层内。据测定，6 年生植株根的总长度可达 900 m 以上；5 年生芦笋，土壤中的根数达千条以上，肉质根的粗度达 5 mm。随着株龄的增长，根群逐步扩大（如图 1–1 所示）。

（二）根的形成及其作用

依据形成时间、部位、形态及作用的不同，芦笋根分为初生根、贮藏根、吸收根三种类型（如图 1–2 所示）。

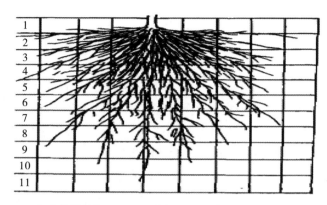

图 1-1　6 年生芦笋的根群分布（芦笋标准化栽培技术，李书华，2004）

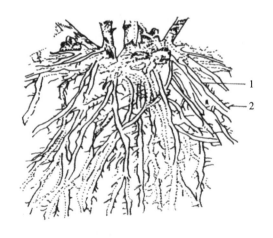

1.贮藏根；2.吸收根

图 1-2　芦笋的贮藏根和吸收根　（泽田，1962）

1. 初生根

初生根来源于种子的胚根，也称种子根，是指种子发芽时率先发生的根，长度可达 35 cm 以上。在初生根上还可形成第二次、第三次纤细根。初生根短而纤细，寿命较短，是幼苗前期的重要器官，它吸收水分和养分，以供种子萌发需要。当第一条初生根长到一定时期，从长出第一条初生根的部位又会长出第二条和第三条初生根，而且长度、粗度依次递增。

2. 贮藏根

随着初生根的延伸和幼茎的形成，幼茎与初生根的交接处逐渐膨大，形成鳞茎盘。鳞茎盘上方突起，着生大量的鳞芽，下方生根，这些根呈肉质状，粗细均匀，直径达 4～6 mm，长度可达 1.2～3.0 m，起贮藏和吸收两种作用，称之为贮藏根。随着鳞茎盘的扩展，贮藏根逐步增多。据测定，一个长 2.5 cm 的鳞茎盘，能产生 35 条根；长 15 cm 的鳞茎盘，贮藏根多达 140 条。在芦笋生长过程中，贮藏根数量及生长状况是影响芦笋产量和品质的重要因素之一。

贮藏根由表皮、薄壁组织和中柱三部分构成。薄壁组织是贮存同化产物的主要场所，中柱的主要作用是输导水分和养分。贮藏根寿命较长，一般为 5～6 年。若其生长点不受损，它可不断伸长，最长可达 3 m。在亚热带地区，贮藏根不停地生长，而在寒冷地区，贮藏根冬季休眠，春季继续生长。贮藏根在停止生长处留有痕迹，当年生长的部分呈白色，上年生长的部分色泽较暗，根龄愈长，根色愈深。贮藏根一旦被切断，就没有再生能力，因此，在追肥、培土、中耕时应尽量避免损伤贮藏根。

贮藏根的生长需要适宜的温度和水分。高温、高湿、积水易造成贮藏根腐烂。虽然芦笋属深根性作物，耐旱能力较强，但是土壤含水量过低也易造成贮藏根死亡，严重影响芦笋产量。

3. 吸收根

吸收根是在贮藏根表面着生的白色纤细根。吸收根的作用是从土壤中吸收水分和养分。吸收根寿命较短，在寒冷地区一般寿命为一年左右，秋后枯死，春季温度回升后再生新根；在温暖地区，吸收根寿命可达一年以上。

二、茎

（一）初生茎

初生茎是由胚芽发育而成的，是指芦笋种子萌发时首先长出地面的茎。它向上伸长，不产生分枝，是幼苗前期唯一的同化器官。

（二）地下茎和鳞芽群

随着幼苗的生长，初生茎与根的交界处产生的突起组织即为根茎。芦笋的地下部如图1-3所示。地下茎是指由根茎不断增大形成有鳞片包裹的短缩变态茎。在适宜的条件下，地下茎上下表面由分生组织形成的芽原基进一步发育成包裹鳞片的芽体，芽体群集发生，形成鳞芽群。鳞芽群的数量和健壮程度与芦笋的品种类型、栽培条件及当地气候因素有关，并决定芦笋嫩茎的产量。一般来说，当年秋季鳞芽群中芽体形成愈多，第二年春季长出的嫩茎就愈多，芦笋的产量也就愈高。随着植株的生长，地下茎不断发生分枝，其生长点不断增加，鳞芽群的数量也随之增加。芦笋的幼茎采收后，会继续生长，长到一定程度可再次采收。经多次采收后，成年植株的地下茎会呈重叠状，而下部

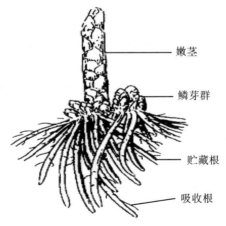

图1-3　芦笋的地下部（芦笋标准化栽培技术，李书华，2004）

4

和中心部位的地下茎因土壤中氧气、水分及养分的不足也会发生上升和重叠现象，如土壤过湿而氧气不足会使地下茎上升，从而导致植株走向衰退。

另外，采笋时嫩茎的切口处如受细菌感染，可致使部分地下茎腐烂分离，产生分株现象，同时也易感染茎枯病，造成毁灭性的伤害。因此，采收时应使用正确的采笋方法，栽培时应加强培土等。

（三）地上茎

在条件适宜时，部分鳞芽萌动抽出地面，形成地上茎。它与贮藏根相对应，地下茎每向下形成 2 条贮藏根，就会向上形成 1 支地上茎。当地上茎长到 20 ～ 30 cm 尚未散头时采收，即为商品芦笋，也称嫩茎。嫩茎多肉质、粗壮，直径一般为 1.2 ～ 2.5 cm（品种间有差异）。幼龄嫩茎培土软化后采收的称为"白芦笋"，不经培土软化而采收的称为"绿芦笋"。嫩茎上长有由鳞片包被的腋芽，顶部腋芽密集，中部和下部腋芽稀疏。如果不采收嫩茎，任其茎尖松散，腋芽萌动，可形成具有一次分枝、二次分枝和拟叶等器官的植株，植株最终高度一般为 1.5 ～ 2.5 m。在幼苗期，地上茎一批批出土，其粗度由细变粗，而同批地上茎出土后向上生长的粗度则逐渐变细，因此地上茎如果没有经过打顶控制高度，其顶端就会越来越细，而拟叶的数量却继续增加，如遇刮风下雨，植株容易弯曲倒伏，造成行间通风困难，从而导致病害的发生。因而采用大棚栽培、行间打桩及打顶控高等方式，有利于防止植株倒伏及病害发生，实现芦笋的高产优质栽培。

地上茎的第一分枝高度、粗细、数量，因植株品种、性别、笋龄及气候、栽培管理水平的不同而有所差异，一般同一品种、同一栽培管理水平下，幼年笋和老年笋的地上茎比中年笋的地上茎细，雄株的地上茎比雌株的地上茎细（但雄株茎数多）；温度条件适宜、肥水管理好以及沙壤土上生长的地上茎茎数多而粗壮，1 棵中年芦笋每年可形成 20 支以上的嫩茎。

地上茎除输导水分、养分外，主茎及侧枝中还含有大量叶绿素，能进行光合作用，其繁茂的植株还可防风固沙、保持水土，所以芦笋还可作为治理风沙化土地的先锋植物。地上茎的生长寿命也会因季节、气候条件和栽培管理水平等的不同而改变，但一般不超过6个月。在我国北方地区，地上茎生长期为5～10月，可不换茎；在长江流域各省区如江西的生长期为3～11月，一般在7～8月换1次茎；在广东、广西等南部地区可周年生长，每年需换茎2～3次，只有这样，才能保证充足的同化养分，以供芦笋嫩茎生长的需要。

三、叶和拟叶

芦笋叶子比较特殊，它的真叶已退化为三角形、薄膜状的鳞片，生长在茎枝的各节与腋芽处，保护着茎尖组织和腋芽。嫩茎及各节上着生的鳞片多为1 cm左右；第一分枝节和第二分枝节上着生的鳞片依次变小，有的小至肉眼不能看清楚。在嫩茎生长期，鳞片包裹着茎的顶端，它的大小、形态及包裹松紧的程度是区分芦笋品种和嫩茎质量的重要标志之一，体现了品种特性的一个方面。一般来说鳞片包裹紧密、不易散头的品种品质好，该性状对绿芦笋来说尤为重要。鳞片基本不含叶绿素，没有同化作用，不能发挥叶片功能。

拟叶即通常所指的芦笋叶，实际上是从退化叶的叶腋内簇生出来的，形同针状的叶状枝，是小枝条变态形成的"针状叶"，其水分蒸腾量小，这也是芦笋较耐干旱的缘故之一。拟叶与正常叶片一样，由维管组织、3层栅栏组织及表皮细胞三部分构成。栅栏组织细胞中含有丰富的叶绿体，叶绿体是进行光合作用的主要场所。芦笋植株的针状叶数量很多，进行光合作用的实际面积也很大，对光能的利用率高。据测定，5 g拟叶平均每天大约生成127 mg同化物。除针状叶进行光合作用外，植株绿色的地上茎枝同样也可进行光合作用。因此，拟叶与地上茎的生长状况直接决定着贮藏养分与芦笋产量。

四、花、果实和种子

（一）花

芦笋为雌雄异株，雌花和雄花分别着生在雌株及雄株拟叶的腋节处，单生或簇生，呈钟状，黄色，花有蜜腺，以利昆虫传粉。由于芦笋不断抽发新嫩茎，因此其花期较长，在我国北方地区，芦笋花期一直延续到秋末。

芦笋雌花和雄花构造不同，但其区别不是从分化初期开始的，而是在花的发育后期形成的。雄蕊退化，雌蕊正常发育，则形成雌花，雌花较短、粗，一般长 3.7 mm，直径 2.1 mm；雌蕊退化，雄蕊正常发育，则形成雄花，雄花较长、粗，一般长约 6 mm，直径 2.3 mm。在自然群体中，有极少数花的 6 枚雄蕊及 1 枚雌蕊均正常发育，这种花称为两性花，两性花有一定的结实率，具有雌花的雄株称为雌雄异型株（雄性雌型株）（如图 1–4 所示）。一般芦笋幼苗生长 60 天即可见花，因为幼苗不断抽出，所以花期较长，可延续到秋末。

1　　　　　　　　2　　　　　　　　3

1. 雌花；2. 雄花；3. 两性花

图 1–4　芦笋的花（芦笋标准化栽培技术，李书华，2004）

（二）果实

雌花经授粉受精后，发育成果实。果实为浆果，呈球形，直径为 7～8 mm，由果皮、果肉、种子三部分组成。果实未成熟时呈绿色，

成熟后为暗红色，含筋量较高。果实内有3室，每室可结2粒种子，果实内种子数的多少与授粉条件、植株营养状况及植株倍性有关，良好的授粉条件及营养状况，可使果实内的种子数明显增多，二倍体植株果实内的种子数多于倍性高的植株的种子数。

（三）种子

芦笋种子呈黑色，稍具棱角，坚硬而有光泽，千粒重约20 g。种子由种皮、种脐、胚和胚乳四部分组成（如图1-5所示）。胚呈白色，是种子中最重要的部分，将发育成新植株。种子的发芽年限与成熟度及贮藏条件有关，成熟度好的种子在良好的贮藏条件下，可以保存3～5年。

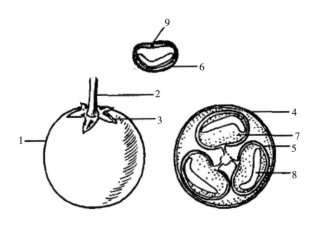

1. 果实；2. 果柄；3. 花萼；4. 果皮；5. 种子；
6. 种皮；7. 胚乳；8. 胚；9. 种脐
图1-5　芦笋种子的组成（芦笋标准化栽培技术，李书华，2004）

五、雄株和雌株

芦笋一般在开花后才易于区分雌雄株，为了更好地了解并尽早区分它们，以利于在生产上扬长避短，在开花前可通过雌雄株生长过程中的其他性状一同加以区分。

首先，芦笋苗期雄株较雌株发育好，定植后，雌雄株差别逐年加大。雄株分枝早，分枝节位低，植株较矮，枝叶繁茂，光合作用面积大，同化产物多，且不结种子，消耗养分少，春季嫩茎发生早，茎较细，但发茎数多，因此采笋支数多，产量一般比雌株高30%以上；雌株分枝晚，分枝节位高，植株高大，枝叶稀疏，嫩茎较粗壮，发茎数较少，故产量较低，如能尽早摘除幼果，减少养分消耗，则可相应提高产量。

其次，在幼苗的发育过程中，雄株开花早，雌株开花晚，二者开花时间相差约1个月。据罗宾斯观察，雄株初挖着生节位较低，平均为7.2节，距地面约47.8 cm；雌株初挖着生节位较高，平均为8.5节，距地面约62.4 cm。因此，雄株开花早，着花量多于雌株。由于雄株开花多且花期长，可使晚开花的雌株花获得雄花的花粉，完成授粉，进行有性繁殖。

第二节　芦笋生长的环境条件

芦笋是一种适应性很强的植物，在北纬20～60°都可种植，但只有在适宜的环境条件下才能实现芦笋的高产、优质生产。因此，明确芦笋与温度、光照、土壤的关系，对指导芦笋生产具有十分重要的意义。

一、温度

芦笋对温度的适应性比较强，在-38 ℃的低温条件下也能安全越冬，在37 ℃的高温条件下也可生存。

（一）温度对种子发芽的影响

芦笋种子在10 ℃条件下，经过17天才开始发芽，经过63天发芽率为94%；在25 ℃条件下，经过4天开始发芽，经过14天全部发芽。

研究表明，芦笋种子发芽最适温度为 20～25 ℃；温度低于 20 ℃或高于 25 ℃都影响种子的发芽率和发芽势；温度低于 5 ℃或高于 35 ℃时种子发芽基本停止；在白天 25 ℃和夜间 20 ℃的变温条件下，最有利于种子的发芽。

（二）温度对嫩茎生长的影响

芦笋嫩茎生长的温度临界点为 5 ℃和 30 ℃，在 10～30 ℃范围内，随着温度的升高，嫩茎抽生数量增多，生长速度加快，以日平均气温为 17～25 ℃时最适宜嫩茎生长发育，且嫩茎的品质最好。

（三）温度对水分吸收的影响

温度过高或过低都影响芦笋对水分的吸收、运输和利用。在 0～30 ℃地温范围内，随着温度的升高，芦笋对水分的吸收加快。在夏季温度过高的条件下，若突降大雨或中午灌溉温度过低的水，使地温剧烈下降，则抑制根系的呼吸与生长，使根压降低，原生质与水的黏性变大，造成笋株生长发育受阻或发生萎蔫。

（四）温度对肥料吸收的影响

温度不同，土壤供给芦笋养分的能力也随之发生变化。在一定的土壤温度范围内，土壤养分的有效性随着温度的升高而提高。同时，温度还直接影响芦笋根系的呼吸与生长。因此，温度对肥料的吸收有着显著的影响。在 10～30 ℃的温度范围内，芦笋根系对肥料的吸收能力随着温度的上升而提高，温度低于 10 ℃或高于 30 ℃均会降低芦笋对肥料的吸收。

（五）温度对呼吸作用的影响

芦笋与动物一样，呼吸停止即意味着死亡，因此，呼吸作用对芦笋的生长发育非常重要。首先，芦笋通过呼吸作用分解糖类释放能量，为维持其正常的肥料、水分吸收及蛋白质、核酸、脂肪等物质的合成和细胞分裂与伸长等各种生命活动过程提供所必需的能量。其次，在呼吸过程中产生的许多中间物质，为构成原生质提供所必需的物质。最后，呼吸作用还为多种有机物的合成提供还原力，这种还原力还可直接用于硝酸盐和硫酸盐的还原。芦笋在 0 ℃以下时处于休眠期时，呼吸作用极弱，在 0 ～ 35 ℃温度范围内，芦笋的呼吸作用强度随着温度的升高而增强，但温度过高时呼吸作用受到抑制。

由于呼吸作用是一个消耗光合作用产物的过程，芦笋的光合作用器官只限于地上茎、枝、拟叶，而呼吸作用的器官是包括地上茎、枝、拟叶、地下茎、鳞芽、根系等在内的整棵笋株，芦笋的光合作用只有在白天适宜的温度和光照条件下才进行，进而合成产物，而呼吸作用在白天和夜间均可进行；芦笋的呼吸作用适宜温度的最高值比光合作用适宜温度的最高值要高得多，因此在温度过高的条件下，芦笋的光合作用强度减弱，而呼吸作用强度增加，使笋株的养分积累量减少或为负数。这就是芦笋在温度过高的条件下，因养分消耗过多而影响鳞芽的发育，造成嫩茎产量与品质下降的主要原因。

在生产中采取调节气温与地温，使芦笋的呼吸作用与光合作用都处于适宜的温度范围内，可以解决因在低温条件下能量不足和高温条件下养分消耗过多而影响笋株生长发育的问题，促进笋株的健壮发育，提高嫩茎的产量与品质，进而提高经济效益。如在温度较低的条件下采取地膜、拱棚栽培，提高温度和笋株的抗低温能力；在温度较高的条件下采取遮阳网、喷水等措施，以降低温度和提高笋株的抗高温能力。

（六）温度对光合作用的影响

芦笋主要是通过根系吸收土壤中的各种营养物质和水分，通过茎、枝、拟叶吸收空气中的二氧化碳，利用太阳辐射能转化为化学能，在叶绿体内合成有机碳水化合物，供应芦笋的各种生命活动和促进生长发育，从而形成我们栽培芦笋所需要的经济部分——芦笋的嫩茎。因此，笋株光合作用合成产物的多少，直接影响着栽培芦笋的经济效益。

二、光照

芦笋是喜光作物，地上部茎叶生长期需要有充足的光照，以利于同化产物的制造和积累，光照不足会严重影响芦笋的生长发育。因此芦笋应种植在无遮阳的地方，定植密度不宜过大，不进行间作，以利于植株的旺盛生长。据泽田测定，芦笋阴雨天同化产物产生量比晴天减少 19.26% ～ 36.65%（见表 1-1）。

表 1-1　芦笋日射量与光合成量的关系

测定时间	天气状况	24 小时内日照时数 /h	日射量［kJ/（cm·d）］	5 g 拟叶光合成量 /mg
7 月 17 日	晴天	12.4	2.80	130.2
7 月 28 日	阴雨天	2.5	1.62	91.4

芦笋光合作用的效率受温度的影响比较大。温度在 18 ～ 20 ℃时，芦笋的光合作用效率最高，当温度超过 20 ℃时，光合作用效率随温度的升高而急速下降；当温度达到 35 ℃时，芦笋的光合作用效率为零；当温度超过 37 ℃时，芦笋的光合作用合成的产物为负数，说明芦笋在高温条件下呼吸消耗的养分大于光合作用合成的养分。当温度在 20 ℃时，芦笋的光合作用效率最高，当温度低于 15 ℃或高于 30 ℃时，芦笋的光合作用效率明显下降。当温度达到 28 ℃时，虽然笋株的光合作用强度较高，但是因呼吸作用增强，消耗的养分过多，净光合作用效率下降。因此芦笋的光合作用适宜温度为 15 ～ 25 ℃，温度低于 20 ℃时有利于光合作用产物的运转，在昼夜温差大的条件下，笋株的净光合作用效率高。

三、土壤

同其他植物相比，芦笋根系比较发达。芦笋的根具有吸收和贮藏双重作用，它贮存的养分供翌年形成嫩茎。根系发育良好，地上部生长繁茂，根系中贮存的同化产物多，翌年产量就高。反之，产量就下降。而根系的发育情况主要取决于土壤性质，因此土壤性质直接影响到芦笋的产量和品质。

芦笋根系的呼吸作用比较旺盛，要促进根系的发育，必须选择通透性好的土壤，芦笋属深根性作物，土层要疏松、深厚。因此要选择通透性好、保肥保水性能好、土层深厚疏松并富含有机质的沙壤土或轻壤土种植。如果种植芦笋的沙壤土不板结，则白芦笋培土采收时嫩茎不易弯曲，且加工时便于清洗。而土层浅薄、易板结、通透性差、耕性不良的黏土、黑土及沙砾土等，均不利于芦笋根系的生长发育，不适宜栽培芦笋。芦笋对土壤的酸碱度要求不是很严格，在 pH 值为 5.5～8 的范围内均能正常生长，但忌强酸性和强碱性土壤，当 pH 值在 8 以上或 5.5 以下时，根系会生长发育不良，且芦笋品质下降。酸性太强的土壤可施用石灰加以调整；碱性过大的土壤，应多施有机肥使 pH 值下降。

芦笋原产于地中海沿岸，对盐碱土有较强的适应性，且肉质根中有较多养分贮存，细胞浓度大，因此耐盐能力较强。当土壤含盐量不超过 0.35% 时，芦笋均能正常生长；当土壤含盐量超过 0.35% 时，芦笋生长受到明显影响，吸收根发生萎缩。

四、水分

芦笋的一系列生理活动都离不开水。芦笋的拟叶为针状叶，笋株表面又有较厚的蜡质层，贮藏根具有较强的蓄水能力，所以笋株自身对水分的调节能力比较强，是一种比较耐干旱的作物。在我国许多雨水偏少和水源不足的较干旱地区，遇到干旱年份，许多其他农作物会因缺水而严重减产或失收，而芦笋的生长发育虽然受到了一定的影响，但是与其他许多农作物相比仍能获得较高的产量。由于芦笋的拟叶为针状叶，不会像其他作物因缺水而出现叶片萎蔫，因此许多笋农误认

为芦笋耐干旱，一般情况下不需要灌水。其实因为芦笋嫩茎的含水量
比较高，采收嫩茎的数量比较多，笋株的生育时间又比较长，所以芦
笋的需水量相应较大。如果供水不足，就会直接影响笋株的一系列生
理活动，使芦笋难以获得优质高产，造成经济效益下降。芦笋的根系
为肉质根，活动能力比较强，抗涝能力比较差，在供水量过多的情况
下，不但影响芦笋的一系列生理活动，而且易造成病害，发生严重根
系腐烂。

五、养分

芦笋对氮素需求量大，其次是钾，再次是磷。据 Remy 研究发
现，每公顷产芦笋 6 000 kg 时，全年植株对以上三要素的吸收量为
氮（N）105 kg、钾（K_2O）93 kg、磷（P_2O_5）27 kg。但实际施肥时，应
根据植株的生长情况、土壤和气候条件而定，并通过对植株茎叶营养
的分析来确定施肥量。据 Brasher 研究发现，在芦笋茎叶的干物质中，
含氮（N）3.75% ～ 3.80%，含磷（P_2O_5）0.20% ～ 0.23%，含钾（K_2O）
1.75% ～ 1.90%，含硼（B）0.010 9% ～ 0.017 4% 时，芦笋产量最高。
氮、磷、钾的比为 18.75 : 1 : 8.75。但西南大学试验结果表明，芦
笋吸收氮、磷、钾的比例为 4.4 : 1.0 : 6.9，说明不同土壤对养分的
需求差别很大，应当在当地先做试验再确定施肥量。

第三节 芦笋生育周期

一、芦笋的生命生长周期

芦笋为多年生植物，从种子萌芽到植株衰老的整个过程称为芦笋
的生命生长周期。芦笋的生命生长周期一般为 15 ～ 20 年，管理条
件好的可达 20 年以上。根据植株形态特征的变化，芦笋的生命生长
周期可分为萌芽期、幼苗期、幼株期、成龄期、衰老期 5 个生长发育

时期。

（一）萌芽期

种子浸种后，催芽 4 天以上，胚根露白即可播种。播种后胚根向下形成初生根，胚轴向上长出第一次地上茎。幼茎出土见光后颜色由白色逐渐变为绿色，茎尖散开，出现分枝。从种子萌动至第一次茎出土且茎尖散开为萌芽时期，春季、秋季约经 20 天，冬季为 30～40 天。虽然芦笋属单子叶植物，但是它的子叶并不出土，而是继续留在种子中，子叶吸收种子中贮藏的养分（子叶表面会分泌出溶解酶），形成发芽之初的根、茎。

（二）幼苗期

从种子萌芽到定植前的苗期阶段为幼苗期。芦笋种子种皮坚硬，播种前需进行处理。种子发芽时，最先长出的是胚根，胚根不断伸长，成长为一条纤细的根，进行最初养分与水分的吸收；同时胚芽伸长，由胚芽形成第一次茎。幼茎刚出土时呈白色，见光后呈微红色，以后逐渐变成绿色。随着幼苗的生长，初生根与第一次茎的交接处形成小突起，发育成植株的地下茎，以后依次形成第二次茎、第三次茎……同时，贮藏根也一批批形成。幼苗前期生长缓慢，待抽出第二次茎后即进入生长活跃期。

（三）幼株期

从定植后至开始采笋的头两三年为幼株期。这一时期是整个株丛迅速向四周扩展、形成庞大根系、奠定高产优质基础的关键时期。此时地下茎继续延伸、发生分枝并扩大，形成大量的鳞芽群，肉质根的数量大增并达到固有粗度，地上茎高度和粗度都已达到最高值。因而植株地下器官比较发达，嫩茎产量逐年提高，整个株丛呈现欣欣向荣的发展势头。管理水平和气候特点决定着此时期的长短，在正常管理

水平下，我国北方定植后的第二年可采笋，而南方有的地区甚至春季定植，当年就可采笋。具体操作应视种植的品种和田间实际生长情况而定。

（四）成龄期

成龄期是芦笋生命生长周期中生长最旺盛的时期。地上茎大量抽出，枝叶茂盛，光合作用能力增强，同化产物源源不断地输入到贮藏根。地下茎继续分枝、扩大，形成庞大的鳞芽群，贮藏根数量大增。此时期是芦笋的丰产期，也是种植芦笋经济效益最好的时期。芦笋的成龄期持续时间较长，一般为 8 ～ 12 年。

（五）衰老期

芦笋经过成龄期的旺盛生长之后逐渐进入衰老期。这时期的芦笋地上茎抽出数量明显减少，长势减弱，茎叶稀疏，同化能力下降，产量降低，细笋、畸形笋增多，品质差。地下茎大幅度上升，先前长出的贮藏根大量枯萎，鳞芽群萎缩甚至枯死。植株抗病性减退，地上部及根部病害日趋严重，直到失去继续栽培的价值。

二、芦笋的生育阶段

在我国南方和世界上其他热带或亚热带地区，芦笋地上部全年常绿，同化作用常年进行，年生长周期不明显；而在我国北方和世界上其他寒冷地区，随着外界自然环境条件的不断变化，芦笋的年生长周期有两个明显不同的阶段，即生长期和休眠期。

（一）生长期

从当年春季嫩茎开始抽发到秋冬季地上部茎叶枯萎的时期为生长期。春季地温上升到 10 ℃左右时，少量嫩茎开始抽发；地温上升到 15 ～ 17 ℃时，大量嫩茎抽发，嫩茎长到适宜标准时即可采收，嫩茎采收量主要取决于前年根株同化养分的积累量。嫩茎采收结束后进入茎叶生长发育期。决定茎叶繁茂程度的最重要因素是采收结束后根株中残存的养分量，当然也与品种、病虫害及栽培管理水平等因素有关。在地上部植株生长发育的前期，由于气温高、呼吸作用旺盛，同化面积小，光合作用能力弱，故贮存到根株中的同化养分很少。随着地上部繁茂植株的形成，同化面积增大，温度也逐渐降低，呼吸作用减弱，光合作用能力日渐增强，进入同化养分积累盛期。在此期间，茎叶通过光合作用所形成的同化养分源源不断地贮藏于地下贮藏根中，以供翌年嫩茎的形成。因此，当年地上部植株的繁茂程度直接影响到翌年嫩茎的采收量。目前，国内外大都用生育指数〔单株生育指数 = ∑（茎粗 × 茎高）〕不定期估计翌年的产量，一般当年生育指数愈高，翌年产量也愈高，反之就愈低。具体的计算方法：茎粗和茎高的单位以"cm"表示，将整墩芦笋中每根茎的茎粗乘以茎高后加起来的和即为单株生育指数。生育指数与采笋量的关系大致为二年生笋的每亩（1 亩 ≈ 667 m^2）产量为生育指数乘以 1 即为该笋田第二年春天每亩的产量数，三年生的芦笋翌年春天每亩的产量等于生育指数乘以 1.3，四年以上的成龄笋翌年春天每亩的产量等于生育指数乘以 1.6。这种计算方法在实际生产中具有非常重要的指导意义，特别是在新种植区且农民没有经验的情况下。

（二）休眠期

从秋冬地上部茎叶枯死到翌年早春幼芽萌动的时期为休眠期。休眠期的长短取决于温度和笋龄，一般低温期越长，休眠期越长。山东、山西、河北为 4 ～ 5 个月，辽宁及其以北地区为 5 ～ 6 个月；幼龄笋的休眠期短于成龄笋。芦笋进入休眠期后，地上部全部枯死，地下茎不再延伸，贮藏根停止生长，仅维持最低限度的呼吸作用。我国温度高的南方可以没有休眠期，使芦笋做到长年供应；北方地区进行大棚栽培，也可以做到芦笋的长年供应。

第二章 芦笋的主要品种及特点

芦笋的栽培种有上千个,每个栽培品种的产量、耐病性、嫩茎品质及口感和适宜的栽培方式都有很大区别。从栽培方式上芦笋可分为覆土软化栽培和平地日光栽培两种。从嫩茎颜色上芦笋可分为白芦笋、绿芦笋、紫芦笋三种。白芦笋嫩茎通体洁白,不带有其他任何颜色,笋尖带有紫色、绿色是由于覆土不严或采收太晚造成,属不合格产品。绿芦笋则要求通体绿色,国际市场上优质绿芦笋要求绿色部分占98%,笋尖紫色、笋底部白色是因不正确采收或采收时气候不佳引起的。紫芦笋通体紫罗兰色,是近年来新推广的芦笋四倍体新品种。不同的芦笋品种适宜的栽培方法有所不同。

第一节 芦笋的品种类型

一、白芦笋

白芦笋是适合软化栽培的芦笋品种,当芦笋要抽发嫩茎时,经培土覆盖栽培而成,由于嫩茎在土壤里生长,不见光,不进行光合作用,所以嫩茎色泽洁白。白芦笋在土中生长,对外界条件要求相对低一些,但需要培土、撒土,比较费工费力。白芦笋嫩茎较短,略带苦涩,易纤维化,口感较差,一般用来作田头加工原料。

二、绿芦笋

绿芦笋不需要进行培土覆盖,在日光下生长,经光合作用而形成绿色嫩茎。绿芦笋对外界条件要求较高,其种性也较高。要求抗病性好、笋头包裹紧凑、在较高温度下也不易散头。绿芦笋嫩茎较长,一般在25 cm以上,好的品种可达到40 cm,其嫩茎清香微甜、不易纤维化,口感好。

三、紫芦笋

紫芦笋是芦笋中的四倍体种，不需要进行培土覆盖，在日光下生长，嫩茎通体紫罗兰色。紫芦笋的嫩茎较粗，比二倍体的绿芦笋体积大25％，含糖量高达20％，味道清香可口，不易纤维化，口感极佳，生食、做菜口味均上等，深受消费者欢迎。

四、关于芦笋品种的误区

人们对芦笋品种的认识有两个误区。一种认为芦笋只有一个品种，只要是芦笋就都一样，不知道芦笋和其他作物一样，有许多在产量、口感、品质都相差甚远的不同栽培品种。要想种好芦笋首先要因地制宜选好品种。另一种认为白芦笋、绿芦笋在品种上没有什么区别，覆土栽培是白芦笋，扒开土就是绿芦笋，这是非常错误的。适合培土软化栽培的白芦笋品种，很多都不适合作绿芦笋栽培，比如"UC500W""UC800""UC157F$_2$"等品种，这些品种作白芦笋栽培还勉强，但作绿芦笋栽培后，嫩茎短，不足15 cm就散头，极易纤维化，品质、口感、商品性均很差。特别是一些白芦笋品种，原本就是种性很差的F$_2$代种，改作绿芦笋栽培后，生长势弱、病虫害严重，常常造成大面积死亡。

五、芦笋选种

绿芦笋的多种营养成分含量都显著比白芦笋高，在栽培管理上也比白芦笋省工，劳动生产率较高，同时绿芦笋苦涩味小，风味好，营养丰富，维生素A和维生素C的含量都高于白芦笋，且纤维素含量低，故绿芦笋的种植范围较广。而且绿芦笋既可用于鲜销，也可用于速冻、罐头加工，在国际市场上的销量越来越大。目前美国、日本、新西兰是绿芦笋主要产区和消费地区，对绿芦笋的消费量还在继续增加。而原来以食用白芦笋为主的一些欧洲国家，如德国、法国，近年来也大

量改食绿芦笋。所以绿芦笋在国际蔬菜市场上比白芦笋更畅销，更加供不应求。在国内市场，人们吃不惯白芦笋的苦涩味，销量很少。而绿芦笋、紫芦笋的口感好，营养丰富，越来越多的人选择食用绿芦笋、紫芦笋。因此发展绿芦笋、紫芦笋的生产比种植白芦笋有着更加广阔的前景。

芦笋为多年生草本植物，一经种植，可多年收获，一般为 10～15 年。芦笋属雌雄异株，在自然条件下，由于长期进行异花授粉结实，造成群体中的遗传性十分复杂，同一品种内不同植株间的生长习性和开花习性不一致，变异性大，所以不同芦笋品种的产量高低、品质好坏有很大差异，表现在分枝性、萌芽性、抗逆性（包括耐热、寒、旱性）、抗病虫性、休眠期、花期早晚、植株长势、嫩茎整齐度、茎尖形状及色泽、鳞片抱合松紧度、耐贮运等品种特性上的不同。另外，芦笋还具有对气候适应性敏感、产量在短期内不易确定等性状，因此，芦笋品种的选择是关键，将决定其栽培的成败。各地选用芦笋品种时一定要因地制宜，在了解品种特征特性的基础上，有计划有目的地引进，切不可贪图种子的一时便宜，草率购买质量差甚至是 F_2 代的种子而影响整个生长期中的产量与经济效益，造成不应有的损失。

第二节　我国芦笋产区的品种现状

我国大规模发展芦笋开始于 20 世纪 70 年代，目前为世界上芦笋种植面积第一大国。而从过去到现在，所需种子几乎全靠国外进口，我国早期栽培品种多引自欧美，如早年引入的"百美""晚生阿祥台"等，近年从美国加利福尼亚州引入的"玛丽华盛顿""玛丽华盛顿 500 号""玛丽华盛顿 500w""加利福尼亚州（UC）"系列（如"UC309""UC72""UCl57"）等。这些品种试种成功后，由于芦笋产业在短期内快速发展，每年生产面积剧增，需种量大，导致很长时间美国种苗公司只能以 F_2 代杂交种种子卖给我国。这些种子属于品种内株间的杂交种，质量不能得到保证，丰产性能远远低于 F_1 代杂交种，抗病性差，因而丰产潜力小，利用周期短，并且符合标准的产品比例低，笋田更新时耗资大。有些地区在一段时期内甚至用 F_2 代杂交种作为主要的栽培品种而进行推广应用，对我国芦笋产业的发展造成极其严重的不良影响，严重地危害了我国芦笋产业，使我国芦笋产品在国际市场上的竞争力和生产效益均受到一定程度的影响。

当前，在我国加入 WTO 和国际市场，芦笋贸易量趋于饱和甚至供过于求的情况下，国际市场对芦笋质量的要求越来越高，竞争更趋激烈。为此，广大老芦笋产区在进行笋田更新时，对全雄系品种和 F_1 杂交种的选用尤为重视，尽管优良品种 F_1 代杂交种种子的价格昂贵，但其植株群体的长势均匀、嫩笋的品质和单位面积产量也有相当程度的提高，可以增强我国芦笋产品在国际市场的竞争力并提高生产者的经济效益，这一点已被人们所认识。另外，我国多数的芦笋产区种植面积较大的 "UC" 系列品种和其他新推广品种多表现出抗病性较差，绝大多数品种对茎枯病均表现感病或高度感病，仅有个别品种属中度感病或耐病，曾经遭受过茎枯病流行的威胁，尤其是南方多雨的芦笋产区，在该病流行年份曾出现成片芦笋田毁种绝收。这也是导致我国芦笋生产不稳定的重要因素之一。

第三节　芦笋的类型及主要高产优质品种

芦笋的类型从嫩茎色泽区分，可分为白色、绿色、紫色及粉红色几类。目前市场上比较受欢迎且产量较高的类型主要是绿芦笋和紫芦笋。

芦笋品种的好劣，是关系栽培成败的首要因素，所以，因地制宜地选择优良品种显得尤为重要。下面介绍部分经过试验表现较好的 F_1 代杂交新品种。

一、格兰蒂（GRANDE）

该品种是美国加利福尼亚芦笋种子公司最新推出的无性系 F_1 代种，植株高大、健壮、嫩茎肥大、整齐、多汁、微甜、质地细嫩、纤维含量少。第一分枝高度 49.0 cm，顶部鳞片抱合紧密，笋顶圆形，在高温下也不易散头。嫩茎色泽浓绿，长圆形，有蜡质，外形好，品质佳，在国际市场上极受欢迎，是出口的最佳品种。抗病能力较强，不易染病，对锈病高抗，对根腐病、茎枯病也有较高的耐性。植株前期生长势中等，成年期生长势强，抽生嫩茎多，产量高，质量好，一二级品率可达 80%。在北京地区定植后第三年每亩产量可达 300 ～ 350 kg，成年株每亩每年产量可达 1 000 ～ 1 500 kg。该品种是 20 世纪 90 年代后推广的一种高产、优质的芦笋新品种。

二、UC157F₁

该品种是由美国加利福尼亚大学本森教授育成的普通杂交种。植株长势中等，嫩茎较整齐，粗细一致，产量中等，嫩茎顶部较圆，鳞片抱合紧密，高温时不易散头，萌芽早，分枝早，第一分枝高度为 57.0 cm，具有适应性广、抗病性较强等特点，适合作绿芦笋栽培。该品种在全世界均为一对照品种，在江西省种植表现较好，定植后的第三年每亩产量可达 980 ～ 1 000 kg。

三、UC115

该品种是美国加利福尼亚大学最新选育的无性系 F_1 代杂交种。品种生长势很强，株高可达 2 m，第一分枝较高，嫩茎均匀整齐且鳞片抱合紧密，散头率低。该品种休田期短，早生性好，抗性强，不易染病，较喜肥水。目前，美国加利福尼亚州将其作为"UC157F₁"的替代种推广。该品种在江西省定植后的第三年每亩产量可达 1 430 kg。

四、阿波罗 F₁（APOLLO）

该品种是美国加利福尼亚芦笋种子公司的 F_1 代种。植株萌芽较早，长势中等，第一分枝高度为 40.2 cm，嫩茎呈暗绿色，较紧，呈圆筒形，笋头较尖，鳞片抱合紧密，嫩茎表面光滑且较粗，大小均匀，多汁，微甜，质地细微，纤维含量少，口感较好。植株抗病力较强，对镰刀菌、锈病和其他病害有很好的抗性，且产量较高。

五、阿特拉斯（ATLAS）

该品种是美国加利福尼亚芦笋种子公司的 F_1 代种。植株萌芽早，性能好，长势旺，第一分枝高度为 51.7 cm，嫩茎均匀，质地细微，笋头较尖，较易散头，抗病力中等，产量高，适于绿芦笋早熟或保护地栽培。该品种在江西省定植后的第三年每亩产量可达 1 040 kg。

六、台南选 1 号

该品种是台湾地区台南区农改场 1979 年从"UC309"品系培育而成的新品种。生长旺盛，植株高大，笋头鳞片抱合紧密，嫩茎粗大而均匀。对茎枯病、褐斑病的抗病力强，产量高而稳定，适宜在河床地、河漫滩及沿海含盐量少的沙质壤土上栽培。

七、台南选 3 号

该品种是台湾地区台南区农改场从"UC711"品系培育而成的新品种。植株高大，第一分枝高度较高，笋头鳞片抱合紧密，嫩茎粗细中等，大小整齐，通体洁白，是白芦笋、绿芦笋兼用品种。该品种枝叶浓绿，耐涝性强，对茎枯病、根腐病、褐斑病的抗病力中等。休眠期短，适宜于保护地栽培。

八、泽西巨人（JERSEY GIANT）

该品种是用"玛丽华盛顿"花粉的 NO.22-8 纯雄株和十年生的"玛丽华盛顿"雌株实生苗杂交育成的全雄系 F_1 代种。植株长势旺，耐干旱，适应性强，第一分枝高度为 53.0 cm，嫩茎顶端鳞片抱合紧密，不易散头，产品合格率高。产量高，比父本、母本高出 10 ～ 15 倍，抗锈病力强，并耐根腐病，缺点是嫩茎常带紫色。适宜作为白芦笋栽培。该品种在加拿大、新西兰、日本及英国等地被推广栽培。

九、紫色激情（PURPLE PASSION）

该品种是由美国加利福尼亚芦笋种子公司育成的第一个多倍体紫芦笋品种。嫩茎顶端略呈圆形，第一分枝高度为 64.6 cm，鳞片抱合紧密，在高温下散头率较低，嫩茎为紫罗兰色，即使覆土不见日光，顶端也呈淡紫色或紫红色。抗病性好，但易受害虫袭击。植株生长势中等，单枝粗壮，但抽茎较少，枝丛活力中等，起产比较晚，休眠期较长。嫩茎粗大、多汁、微甜、质地细微、纤维含量少、味道鲜美、气味浓郁、没有苦涩味，含有丰富的维生素、蛋白质、糖分和其他营养成分，生食口感极佳，是在高级饭店、餐馆十分走俏的高级生食蔬菜品种。该品种较高产，成年笋每年每亩产量可达 750 ～ 1 200 kg，是 20 世纪 90 年代初推广的一种产量高、品质优的新品种。

十、富兰克林（FRANKLIN）

该品种是由荷兰育种专家育成的全雄系新品种。植株长势旺，嫩茎粗细适中，大小均匀，笋尖鳞片抱合紧密，产量较高，抗病力强。该品种在国际品种联合试验中表现优良，我国于 1989 年首次在山西省引进试种，现在在陕西、四川及山东等省都有小面积种植。

十一、吉列姆（GYNLIMF$_1$）

该品种是荷兰育种专家育成的 F$_1$ 代新品种。植株长势中等，嫩茎较均匀，笋头较好，第一分枝高度为 40.8 cm。在我国江西省有种植，长势旺，产量较高。

十二、特来蜜（TARAMEA）

该品种为新西兰 F$_1$ 代杂交种，嫩茎肥大、有光泽、粗细均匀，第一分枝高度为 50.1 cm，顶端鳞片包裹紧密，散头率较低。嫩茎质地细腻，风味鲜美。该品种适应性好，抗性强，不易染病，对根腐病、茎枯病有较高耐病性。起产早，休眠期短，适合在保护地栽培。定植后头年即可采笋，每亩产量可达 100 ~ 150 kg，定植后第二年每亩产量可达 250 ~ 300 kg，成年笋每亩每年产量可达 800 ~ 1 200 kg，是 20世纪 90 年代推广的一种产量高、品质好并适合在我国北方种植的优良品种。

十三、杰西骑士（JERSEY KNIGHT）

该品种由美国新泽西芦笋试验场育成，是绿芦笋和白芦笋兼用的全雄系品种，供绿芦笋栽培更优，其嫩茎绿色较深。植株生长势强，枝丛活力较高。第一分枝高度为 48.2 cm，嫩茎粗且均匀，整齐一致，顶端较圆，鳞片包裹紧密，散头率较低。起产较晚，抗病性较强，对叶枯病、锈病高抗，较耐根腐病、茎枯病，且耐湿性较好。嫩茎质地细腻、略有苦味。成年笋每亩每年产量可达 800 ~ 1 300 kg，是 20 世纪 80 年代推广的优良品种。

十四、PACIFIC2000

该品种是由新西兰太平洋芦笋有限公司最新育出的绿芦笋品种。该品种具有生长整齐、植株生长势强、第一分枝较高、鳞片包裹紧密、

在高温下散头率较低等特点，而且休眠期短，早生性好。其抗性强，尤其对叶枯病、根腐病表现出高抗。枝茎较多，单茎粗细均匀，适合速冻加工。该品种喜肥喜水，成年笋产量高，品质好，商品价值高。

十五、GUELPH MILLENNIUM

该品种是由加拿大 Guelph 学院育出的优质全雄系品种，植株生长势强，枝丛活力较高。第一分枝较高，嫩茎粗且均匀，整齐一致，顶端较圆，鳞片包裹紧密，散头率低。该品种起产较晚，抗病性较强，对叶枯病、锈病高抗，对在我国发病较重的根腐病、茎枯病有较高的抗性，是目前为数不多的几个抗病、高产全雄系品种。

第三章　芦笋需水需肥规律

第一节　芦笋需水规律

一、芦笋生长过程中的水分要求

芦笋的一系列生理活动都离不开水。芦笋的需水数量较大，如果供水不足直接影响笋株的一系列生理活动，使芦笋难以获得高产，造成经济效益下降。

水是芦笋生长的基础，也是高产稳产的基本条件。芦笋属多汁茎，茎组织中含水量达到92%。一般在 5～20 cm 深土层，当土壤含水量降到7.5%～18%时，芦笋停止生长；当土壤含水量达到35.5%时，芦笋产量开始明显增加。由此可看出，水分条件对芦笋产量的影响是非常大的。确定芦笋产量与水分的关系，采取季节性节水灌溉，是促进芦笋增产的关键。

二、芦笋生长阶段的水分管理

尹家峰等人以我国黑龙江省中部地区为例，研究芦笋生长与水分的关系，对其他地方芦笋种植的水分管理也具有一定的参考价值。具体研究结果如下。

（一）水分条件对鲜芦笋产量的影响

用芦笋产量与降水量关系建立数学模型，分析降水量对芦笋产量的影响。经过试验分析，芦笋产量 G 与降水量 X 的关系式如下：

$$G=1.473\ 9+0.486\ 3X-0.003\ 098X^2$$

式中：G——10 天鲜芦笋产量（kg）；

X——10 天平均降水量（mm）。

从该模型确定出的鲜芦笋产量与降水量关系可以看出，鲜芦笋产量最高时 G=20.6 kg，对应降水量为 X=78.5 mm。当鲜芦笋产量达到一定范围时再增加降水量，土壤中水分过多、湿度大，也将导致芦笋根茎缺少氧气而阻碍其吸水，易感染各种病害，严重影响鲜芦笋的产量。

（二）芦笋需水及灌溉制度确定

探讨该区域芦笋不同生育期需水规律、生长特性、日需水量、田间需水量是制定芦笋生育期灌溉制度的基础。

（1）芦笋生育期各时段需水量，是采用生育期空间水分平衡关系计算而来的。

$$E=p+m \pm \Delta h-c+k$$

式中：E——芦笋需水量（mm）；

p——降水量（mm）；

m——灌水量（mm）；

c——排水量（mm）；

$\pm \Delta h$——土层内前后时段土壤含水量变化值，"+"代表被消耗，"−"代表增加（mm）；

k——地下水补给量（mm）。

芦笋种植地地下水深大于 7 m，故 k=0，芦笋种植为横坡垄作，降水量以有效降水量计算，故 c=0，当不采取灌水时 m=0，芦笋全生育期需水总量 $E_总$=418.78 mm，即相当于 279.1 m³/亩。

（2）芦笋田间需水量是根据芦笋生长初期土壤储藏的水量、生长期间的降水量、应灌水量以及田间剩余的水量计算获得的。

$$E_年=p_初+p_降+m_灌-p_剩$$

式中：$E_年$——全年生育期内各月份田间需水量（m³/亩）；

$p_初$——生长初期田间持水量（按当时 20 cm 土壤含水量 23% 计算）；

$p_降$——生长期间总降水量（当年 5～9 月天然降水总量 360.3 mm）；

$m_灌$——应灌水量（全年水分平衡后需灌水总量 168.51 m³/亩）；

$p_剩$——田间的剩余水量（按照 20 cm 土壤含水量 23% 计算）。

（3）确定适宜芦笋生长的水分条件是每次灌水定额的主要参数。在不灌水条件下，当深土层土壤含水量降到 15%～18% 时，鲜芦笋停止生长，当土壤含水量增加到 23% 时，基本能满足芦笋的生长，这时的土壤含水量占田间持水量（46%）的 50%，可作为适宜芦笋生长的土壤含水量下限值。利用鲜芦笋产量与降水关系模型 $G=1.473\,9+0.486\,3X-0.003\,098X^2$ 分析，当芦笋产量最大时，对应降水量 $X=78.5$ mm 分配到 20 cm 深土层中，土壤含水量为 30%，占田间持水量（45%）的 65%。可作为适宜鲜芦笋生长的土壤含水量上限值。

（4）芦笋生育期灌水定额和灌溉周期，在芦笋种植季节，通过芦笋地土壤含水量适宜范围综合分析，经灌水定额公式计算，芦笋生育期灌水定额 $M=18.1$ mm，即相当于 12 m³/亩。

$$M=rH(W_上-W_下)\times W_0$$

式中：M——灌水定额（mm）；

H——设计湿润层深度（20 mm）；

r——土壤容重（1.31 g/cm³）；

$W_上$——土壤含水量上限值（30%）占田间持水量（46%）的百分数（65%）；

$W_下$——土壤含水量下限值（23.0%）占田间持水量（46%）的百分数（50%）；

W_0——田间持水量（46%）。

三、芦笋灌水原则

芦笋灌水应根据生育期、降水量、土质、地下水位、空气和土壤湿度状况而定。

幼苗期，移栽后应及时灌水，灌水原则为"勤浇少浇"，使土壤含水量保持在 60% 左右。采笋期间，留母茎时土壤相对湿度应保持在 50% 左右；留母茎采笋时土壤相对湿度应保持在 70% 左右；留母茎前（采光头笋）采笋时，土壤相对湿度应保持 60% 左右。休眠期间，植株休眠前灌透水 1 次，但田间不宜积水。

根据土壤湿度及时灌水，灌水可与追肥相结合。宜采用滴灌定时定量灌水，并实行水肥同灌。浙江地区一般采用避雨栽培模式种植芦笋，同时安装滴灌设备，应用水肥一体化技术。早期灌水只需滴灌少量水，以防霜冻为主；采摘中后期气温升高，大棚要经常通风降温，此时土壤水分散失很快，又因嫩茎长得快而多，需水量也多，因此灌水次数和灌水量均要增加，一般每 7～10 天滴灌 1 次，注意灌水要在采割后的午前进行。

芦笋水分管理除了满足其生长需求以外，还要考虑到上市采摘期、田间湿度、防病害等因素。芦笋不耐涝，如果土壤长期水分过多，或地下水位过高，排水不良或常积水，则易导致土壤中氧气不足，使根系呼吸作用受阻，造成芦笋生长不良或出现烂根，甚至导致整株死亡。地下水位高的地方，要在大棚四周挖深沟，以便于大雨后及时排水。另外，若空气湿度过大，再遇高温，也易导致芦笋病害，特别是茎枯病。因此，要选择灌溉条件优越的土地，若在无灌溉条件的旱坡地栽培芦笋，要采用水平深沟栽培法，做好雨季拦洪蓄水和保墒工作。

第二节　芦笋田科学管水技术

芦笋田的排水与灌水，应根据当地的天气状况、土地墒情和芦笋需水规律进行。要旱灌涝排，做到墒情适中，不旱、不涝、不渍。笋田灌水的规律：冬水要足，春水要补，春季采笋以控水为主，夏水看天，秋水看墒，留茎初期看长秧，水不湿茎基，只在行间淌。

在北方干旱地区，笋农往往灌水过勤过多，造成"地上干热风，地下水渍根"的天旱地涝现象，使得根腐病、立枯病大量发生，茎枯病也多在地表上下的潮湿处蔓延。所以，灌水要有度，做到适墒即可。

一、灌足越冬水

在北方干旱地区，年降水量为 300 ~ 700 mm，雨水偏少，地表径流水缺乏。笋田的水分大部分来源于抽取地下水。由于水深井少，生长季节各种作物争水矛盾加剧，使得笋田往往水分供应不足，时常处于缺水状态。冬闲期农田作物减少，要抓紧机会给笋田补水，同时要抓紧在土地封冻前进行，一旦封冻，冬灌应立即停止。冬季灌水可以适当多灌，长期干旱的田块要灌足水。这样既可给笋田补足水分，又可提高地表温度，缩短根系的休眠时间，延长芦笋的生长期。

二、春水应早补

春水浇灌的时间和灌水量，应视冬水浇灌情况、冬季降水量和地墒而定。已灌过冬水、冬季降水量大、土壤墒情足的地方，春水可以不灌或少灌；反之，春水不但要早灌，而且要灌足。

春水浇灌的时间是在大地解冻后开始，到出笋前 15 天结束。灌过春水的芦笋田要松土以防止地面板结，增加受热面积以提高地温，这样可使芦笋提前出土；否则会延迟芦笋的出土时间，造成早春采笋量少。

如果冬季、春季两次灌水后地墒充足，则 3 月中旬至 4 月中下旬要控水，因为春季温度低，气温又极不稳定，有时遇到倒春寒会造成大幅度降温。此时，芦笋虽然已开始生长，但是随着温度的变化而长

长停停，温度成了制约芦笋生长的关键因素。要想办法尽快提高地温，才能提高芦笋产量。在北方井灌区，此时井水温度低，一般不超过6 ℃，而土温则在 12 ℃以上，如果用井水灌溉，会使地温迅速下降，导致芦笋迟迟不能生长而降低产量和品质。干旱缺水需要补水的笋田，灌水的方式要以小水为主，隔行灌水，灌后及时松土，以提高地温，促使芦笋生长。采笋时，土壤相对湿度宜保持在 70% 左右。

三、夏水看天

4 月下旬以后，温度升高，芦笋进入正常的生长状态，这时应小水隔行灌溉，以满足嫩茎生长对水分的需求。随着温度的升高，田间水分蒸发量会越来越大，高温季节要勤观察土壤墒情，及时给笋田补水。当温度超过 35 ℃时，笋株呼吸消耗增加，生长缓慢，甚至停止生长，使得嫩茎质量变差。这时要早晚灌水，以水调温，降低田间温度，使芦笋恢复正常生长，但要注意田间湿度不宜过大，并始终保持笋株基部干燥。

用河水和湖水灌溉的笋田要注意水的污染状况，防止用污水浇田而影响芦笋质量。

遇到大雨天气，要疏通田间三沟，注意排涝和降渍。水浸芦笋根盘两天以上，将会使芦笋受淹而窒息死亡。

无论是麦收前母茎采收，还是秋季换头放棵秋发，只要笋田不十分缺墒，此期一段时间应停水不灌，尤其忌灌蒙头水。一次采笋的田块应在留茎前 7 ~ 10 天将水灌好，使土壤相对湿度保持在 50% 左右。新茎长出后 15 ~ 20 天，甚至更长一段时间再补水，施肥可提前或靠后结合灌水进行。这样可在嫩茎生长期间人为制造笋田干燥环境，此法具有以下 3 个好处：一是秋季换头正处在高温高湿时期，控制水分可增加细胞液的浓度，使伤流减少，有利于割茬伤口的愈合；二是可以使嫩茎长得敦实，防止因水分充足而旺长，有利于抗倒伏；三是这段时间是笋茎幼嫩时期，干旱的环境不利于病害的发生，有利于抗病防病。

四、秋发时看天灌水

秋发前期灌水量不宜过大，土壤相对湿度宜保持在 60% 左右。如土壤水分含量过大，秋发过猛，茎株生长过度旺盛，易感病、倒伏。此时要小水润土，使芦笋茎枝生长健壮，抗病抗倒伏。芦笋秋发中期如天干地旱，可以小水隔行浇灌。而秋发后期，天气渐冷，水分蒸发量小，霜露增多，空气湿度增大，地下水开始返潮上升，如笋田不干旱，一般不再灌水。

五、幼笋的灌水

落种前要将营养钵或苗畦浇足水，如水分不足，苗床容易落干而影响发芽和出苗。齐苗后，如苗床缺墒要及时补水，但不宜过多。苗床保持干干湿湿，以利于幼苗生长。移栽前 7～10 天要停止灌水，以利于起苗，并可缩短缓苗期。

笋苗移栽时要浇活棵水（定植水）。栽后 7～10 天，干旱时要浇返苗水，以后看墒浇水。不缺水不要浇水，浇多了不仅会渍苗，而且易发生病害。在搭丰产架子期间，宁可偏旱，也不可水淹，以土壤相对湿度为 60% 左右，保持土壤墒情适中为好。这样可以增强笋株的抗逆性，减少病害的发生，有利于培养壮株，为丰产打下基础。

六、节约用水

土壤中水分的来源主要有降水（如雨、雪、冰雹等）、地表径流水（如江、河、湖、塘等）、地下水或地层潜流水、毛细管水等。在降水量大的地区，各种水源都十分充足；在降水量少的地方，各种水源都非常匮乏。在我国北方笋区，年降水量极少，个别地区不足 400 mm，致使池塘干涸，河川断流。这些地区水的主要来源是抽取地下水，井越打越深，水越抽越少，不少地方井深已达 200～600 m。气象专家指

出，我国北方水情仍有逐年恶化的趋势。虽然国家已实施南水北调工程，但是要解决大面积农田灌溉问题，仍是杯水车薪。因此，笋田灌溉要大力提倡节约用水，实行节水灌溉，从根本上解决水的供需矛盾。首先，要把灌溉方式从大水漫灌改为小水洼灌。在土壤有机质含量少、土质结构差的沙土地上，大水漫灌后，由于水的蒸发和下渗，土壤湿得快干得也快，土壤耕层的可溶性肥料会随大水溶渗到土壤深层，从而造成耕层缺肥，影响笋株的生长。可以采用跑马水的方式，隔一行灌一行，使水湿透根的分布层但不下渗。结合灌后松土，既保墒又保肥。其次，要改自然灌水为设施灌水，如用小白龙型管分段灌水，能防止水分在流经土水道时的自然消耗，可节水 10% ～ 30%；也可用喷灌的方式灌溉，虽然设备安装耗资较大，但是喷灌相比地表漫灌可节水50% 以上。最后，要改明水灌溉为暗灌或滴灌。暗灌、滴灌是高度节水的灌溉措施，笋农可根据自己的条件，在技术人员的指导下试验实施。

七、水肥一体化滴灌

浙江地区芦笋种植大多采用滴灌系统进行水肥同灌。滴灌系统由"水源—水泵—田间输水管道—滴水器"组成。

（1）水源。可采用就近、方便、洁净的河、塘、沟、池、井等作为水源，水质应符合 GB 5084—92 农田灌溉水质标准。

（2）水泵。根据灌溉面积和水源情况，选用一定流量和扬程的水泵（如自吸泵、潜水泵等）。根据水源清洁度和滴水器的类型，选择适宜的过滤器。内镶式滴灌管采用不少于 120 目的网式加叠片式过滤器，或者砂石过滤器加叠片式过滤器。

（3）田间输水管道。水源至田块的地下输水管宜采用 PVC 给水管，管径依输水长度而定。棚内地面输水管宜采用直径 25 mm 的聚乙烯塑料管。

（4）滴水器。宜采用内镶式滴灌管或打孔带式滴灌管，每畦铺设1 ～ 2 条。

如图 3-1 至图 3-3 所示。

图 3-1　正在通过滴灌水管灌水的芦笋田块

图 3-2　生产人员正在操作水管

图 3-3　应用滴管技术后芦笋的生长情况

第三节　芦笋需肥规律

一、芦笋的营养特性及各营养元素的作用

芦笋对肥料的需求量很大，因此在栽培中若想获得较高的产量和较优的质量，必须保证各种营养物质的供应，做好施肥工作。需肥量的多少因植株年龄、嫩茎产量的不同而异，以亩产嫩茎 1 000 kg 计，芦笋对氮、磷、钾三要素的吸收量如下：氮（N）17.4 kg，磷（P_2O_5）4.5 kg，钾（K_2O）15.5 kg。施肥时对氮与钾的利用率约分别为 50%、20%。此外植株所需养分的 20% 已在土壤中存在，故理论施肥量应为氮（N）27.75 kg、磷（P_2O_5）18.00 kg、钾（K_2O）24.75 kg，但在实际施肥时，应根据土壤、气候和植株的生长情况而定。

在各营养元素中，氮能促进植株的生长和叶绿素的合成，增强光合作用能力，缺氮时植株矮小，生长缓慢，拟叶呈黄绿色。磷可促进光合作用产物向贮藏根输送，使根系发达。缺钾时在老分枝拟叶尖端出现褪绿症状。有机肥对芦笋尤为重要，因为有机肥含养分齐，肥效长，可不断地供给植株各种养分，而且还可改善土壤的理化性状，使土壤疏松，促进芦笋根系的发育，增强土壤的保水、保肥性能，提高肥料的利用率。同时有机肥能显著提高芦笋的品质，增施有机肥，产出的芦笋的糖分、维生素含量均有所提高，粗纤维比单施化肥地区减少 10% 左右，芦笋柔嫩可口，产量也明显增加。

种植芦笋以收获其嫩茎为目的，我们需要的产品正是它用来制造和运输营养的器官。由于在采笋期间它不能通过光合作用自己制造养分，因此根系贮存的养分被不断消耗。虽然通过留母茎采收和后期留母株促秋发等措施弥补，但是合理地施肥才是大量补充营养元素的重要手段。通过人工培养液培养证明，芦笋所必需的元素有碳、氢、氧、氮、磷、钾、硫、钙、镁、铁、硼、锰、铜、锌、钼、氯、硅等 17 种，另外还有有益元素硒、钠等。在必需的元素中，可分为大量元素、中量元素和微量元素 3 类。

（一）大量元素

碳、氢、氧、氮、磷、钾等元素，植物对其吸收量大，故称大量元素。其中，碳、氢、氧主要来源于空气中的二氧化碳、氧气及土壤中的水和碳酸，所以一般在施肥时不用增加补充。

1. 氮的生理功能

氮是蛋白质、核酸、酶等主要有机物的组成部分。蛋白质是生命的物质基础，核酸能控制细胞分裂和分化，酶是各种生化反应不可缺少的物质。叶绿素也是含氮物质，在细胞内常与特定的蛋白质结合，形成叶绿蛋白。

氮肥施用过多，不仅会造成氮、磷、钾比例失调，而且会造成芦笋内的硝态氮增加，导致芦笋苦味加重，且硝态氮可以在胃内还原成亚硝酸根离子，影响人体健康。氮肥施用过多，在芦笋上表现为嫩茎粗大，空心，扁笋、裂笋增多，植株颜色浓绿，秆弱易倒伏，易感病；氮肥施用过少，表现为嫩茎细少、老化、质差，植株发黄、矮小。

2. 磷的生理功能

磷是磷脂、核酸、核蛋白等重要物质组成部分，而这些有机物又是细胞核、原生质的组成部分。植物生命活动所需要能量的传递与贮备，主要通过磷酸化合物的形成与转化实现，如缺少磷，植物能量代谢受阻，影响其对物质的吸收与运输。磷是植物体内碳水化合物、蛋白质和脂肪形成，相互转化所必需的物质。磷对氮的吸收有促进作用，植物体内磷的含量高，则蛋白氮含量也高，就容易合成蛋白质。磷由于能促进植物体内各种代谢进程，因此能促进植物的生长发育，缩短生育期。

磷肥施用过多，会影响芦笋对部分元素的吸收，并使代谢过程加快，嫩茎表现为老化散头。缺磷芦笋发育缓慢，植株呈暗绿色，有时

带暗紫色，并且苦味加重。

3. 钾的生理功能

钾在芦笋内以离子状态或吸附状态存在。与氮、磷不同，钾不参与有机物的合成，但参与代谢活动。钾是一些重要酶的活化剂，如在淀粉、油脂、蛋白质的合成过程中，有些酶需要钾来激活。钾还能调节植物体内淀粉与可溶性糖的比例。钾肥施用过多或过少，都会影响光合作用及物质的合成。缺钾时植株表现为黄尖或焦尖。

（二）中量元素

中量元素在芦笋内的吸收量次于大量元素，主要指钙、镁、硫3种营养元素。

1. 钙的生理功能

钙能调节植物细胞膜的透性，稳定高度胶体化颗粒的乳化，维持细胞的有机结构。钙还能中和植株生长发育过程中有害的磷酸、柠檬酸、苹果酸和草酸的电荷。同时，钙是许多水解酶的重要辅酶或活化剂，有利于植株吸收氮素，同化养分而合成蛋白质。

缺钙不利于铵态氮的吸收，影响到蛋白质的合成，使铁、锌、硼的化合物变成不溶性，难以被根系吸收，主要表现为植株失绿，生长点不正常、侧枝多等。

2. 镁的生理功能

镁是叶绿体、染色体、聚核糖体、蛋白质的重要组成部分，是多种酶的活化剂，能促进根系、鳞芽的分化和生长。缺镁会导致芦笋光合作用减弱，有机酸形成受阻，植株发育不良，根系弱，鳞芽少，嫩茎细。

3. 硫的生理功能

硫是蛋白质和酶的组成元素，是组成蛋白质不可缺少的元素。芦笋内90%的硫用于合成硫氨基酸，如胱氨酸、半胱氨酸和蛋氨酸等。蛋氨酸是组成植物性蛋白质的一种必不可少的氨基酸，是合成蛋白质的重要成分。当它被结合成含硫腺苷蛋氨酸时，可作为甲基碳的受体。半胱氨酸作为合成三肽谷胱甘肽的成分时，也有特殊的作用，后者参与细胞氧化还原反应。

芦笋缺硫会减少蛋白质的合成，导致非蛋白质氮积累，影响芦笋生长。某些酶如硝酸还原酶的激活需要硫，硝酸还原酶在芦笋中能把硝酸盐转变成氨基酸，降低硝酸盐的浓度。另外，硫是许多酶的组成成分，如磷酸甘油醛脱氢酶、脂肪酶等。同时，硫还是许多辅基和辅酶的组成部分。硫还参与氧化还原反应，参与叶绿素的形成。但过量二氧化硫（SO_2）将对芦笋产生毒害作用，表现在叶色变为暗黄色或暗红色。而缺硫将使芦笋磷芽变黄失绿，茎细弱，影响根分枝。

（三）微量元素

微量元素主要指铁、锰、硼、铝、锌、钼、铜、氯等元素，植物对其需求量少，但又不能缺少，如果缺少则不能正常生长，太多又对植物有害，所以称为微量元素。食用型栽培芦笋起源于地中海沿岸，长期的进化过程使之形成了喜欢氯元素的习性。氯可以促进芦笋的生长，并有抵御病害的作用。因此，利用这一习性，在pH值偏低的酸性土壤上适当地补充氯（如施用含氯化肥），有抑制芦笋茎枯病害发生的作用。据张来根等的研究，与无氯化肥相比，施用带氯化肥的芦笋产量增加10%，一级笋、二级笋比例增加6%～10%，空心率减少24%～28%，茎枯病发病期推迟9～15天。据江苏省连云港市植物保护站的经验，在甲基托布津、多菌灵、代森锰锌稀释液中混入0.3%～0.5%的氯化钠溶液，用于喷洒芦笋，可显著提高对茎枯病等病害的防治效果。

二、芦笋需肥时期与需肥特点

(一) 需肥时期

芦笋在一年的生长发育中，各个阶段对肥料的需求和利用是不同的。在冬季，当芦笋处于休眠期时，基本不吸收矿质营养，休眠期过后，随着土温的回升，鳞芽开始萌动，贮藏根伸长，长出新的吸收根，并抽生嫩茎，地下茎也随之延伸，长出新的贮藏根，此时芦笋开始吸收矿质营养。嫩茎萌发后如果被采收，则新根的发生和生长都受到抑制，因此采收期间植株的生长量较小，所需的矿质营养不多，且根系吸收力较弱，只需少量的肥料维护即可。当采收结束后形成地上茎叶时，芦笋对于矿质营养的需求量大为提高。在地上茎形成阶段，磷的需求量是采收期的 2.9 倍，氮与钾的需求量则在 3.6 倍以上，同时从土壤中吸收的量也大为增加，如氮为采收期的 172%，钾为 228.7%。在蓄茎采收的情况下，由于母茎的生长发育和光合作用效能的维持，需要充足的矿质营养供应，因此必须保持较高的施肥量和施肥频率，应每隔 10～15 天追肥 1 次。

(二) 需肥特点

芦笋在采笋期积累较多的氮、钾、锌及铜，因此，春季萌芽后，施萌芽肥应以氮肥、钾肥为主，并补充微量元素锌和铜。母茎生长期积累较多的氮、磷、钾、钙、镁、铁、锰，因此，每年采收结束后，应注意氮、磷、钾的配施，并补充钙、镁、铁及锰元素，以促进母茎旺盛生长，为第二年积累更多的养分做准备。芦笋全年生长吸收钾最多，是氮的 1.43 倍，故施肥时应注重钾肥的施用。

1. 芦笋不同部位矿质元素含量

芦笋植株不同部位各种矿质的含量不同 (见表 3–1)。一般情况下，氮、磷、钾含量均为嫩茎＞地下部＞果实＞母茎，嫩茎中氮的含量分

表3-1 芦笋不同部位矿质元素含量

矿质元素	部位			
	地下部	母茎	嫩茎	果实
氮 /（g·kg^{-1}）	12.5±1.11	4.4±0.41	36.5±0.31	12.4±1.01
磷 /（g·kg^{-1}）	2.5±0.21	3.2±0.29	7.1±0.65	3.6±0.31
钾 /（g·kg^{-1}）	0.8±0.56	13.5±1.11	47.6±3.98	16.3±1.16
钙 /（g·kg^{-1}）	1.4±0.12	2.3±0.19	2.0±0.14	0.9±0.07
镁 /（g·kg^{-1}）	1.1±0.08	0.9±0.05	0.5±0.03	0.3±0.02
铁 /（g·kg^{-1}）	762±50.1	187±15.2	161±14.7	68±5.9
锰 /（mg·kg^{-1}）	18±1.5	17±1.4	16±1.4	10±0.09
铜 /（mg·kg^{-1}）	13±1.0	5±0.4	66±5.6	8±0.05
锌 /（mg·kg^{-1}）	35±2.7	12±0.8	110±9.8	27±2.1

注：引自乜兰春等"芦笋矿质元素吸收特性研究"。

别是地下部、果实和母茎的2.92倍、2.94倍和8.30倍。磷、钾的含量为嫩茎＞果实＞母茎＞地下部，嫩茎中磷的含量为果实、母茎和地下部的1.97倍、2.2倍和2.84倍，嫩茎中钾的含量为果实、母茎、地下部的2.88倍、3.53倍、58.38倍。钙的含量依次为母茎＞嫩茎＞地下部＞果实；镁、铁、锰的含量均为地下部＞母茎＞嫩茎＞果实。地下部铁的含量是其他部位的4～11倍。铜和锌的含量以嫩茎最高，嫩茎中铜的含量是其他部位的5～13倍，锌的含量是其他部位的3～9倍。

2. 芦笋植株不同时期干物质积累和分配特性

芦笋全年干物质积累量为429.7 g/株。其中采笋期积累量为108 g/株，占全年总积累量的26.2%。嫩茎和地下部干物质积累量分别占该期的69.7%和30.3%；嫩茎为该时期的干物质积累中心。母茎生长期干物质积累量占植株全年干物质积累总量的73.8%，此期母茎、地下部和果实干物质积累量分别占这一时期的70.9%、25.3%和3.8%，母茎为这一

时期的干物质积累中心。

3.芦笋植株不同生长期矿质元素吸收分配特性

芦笋不同生长期对不同矿质元素的吸收分配特性不同。采笋期和母茎生长期对钾的积累量几乎相同。氮、铜、锌则主要在采笋期积累，积累量约分别占全年的60%、70%和60%，这些元素主要向嫩茎分配。磷、钙、镁、铁、锰则主要在母茎生长期积累，母茎生长期积累量约分别占全年的60%、75%、80%、75%和75%。此期间吸收的磷、钾、钙、镁、锰主要向母茎分配，铁则主要向地下部分配。母茎生长期氮的积累量约占全年的40%，此期氮向母茎和地下部的分配率相近。

第四章 芦笋节水技术

第一节 基地选址及水利设施建设

芦笋是一种多年生作物，新笋园地的选择是否合理，将直接影响到往后十几年芦笋的生长、管理、收获的产量、品质及经济效益，所以一定要慎重选择。这是芦笋栽培中的重要环节。

一、基地选址要求

1. 笋园的选择

根据芦笋对环境条件的要求应考虑以下 7 个方面。

（1）选择透气性好、排水通畅、土层深厚、富含有机质的壤土和沙壤土，这样有利于芦笋根系的发育；黏性土壤易板结，培土和采收不方便，嫩茎易弯曲，畸形笋多；沙性较大的土壤，保肥、保水能力差，且易透光，嫩茎未出土即已变色，失去加工价值，所以不适宜栽培芦笋。沿海地区有防护林带的滨海风沙土，种植的白芦笋产量高、质量好。绿芦笋不需要培土软化，所以对土质的要求可适当放宽些，沙性稍大点的土壤也可种植绿芦笋。

（2）为使芦笋能够获得高产，应选择 pH 值在 6.8 ～ 7.8 的土壤为宜。切忌在强酸性或强碱性的土壤上栽培芦笋，否则植株的生长将会受到不利影响。芦笋的耐盐性较强，近几年在沿海地区种植，在部分土壤总含盐量超过 0.2% 的地块上也能生长，但建议选择土壤总含盐量在 0.25% 以下，以利于芦笋的旺盛生长。

（3）应选择地下水位低、不靠近水田的地方栽种，避免因土壤潮湿引起根系腐烂，或因土壤通气不良而影响芦笋的生长发育。

（4）种植芦笋的地块，光照条件要好，以利于植株充分进行光合作用。芦笋地上部茎株高大、茎秆细弱，因此不要在风口上种植芦笋，以防止劲风将地上部植株刮倒。

（5）前作是桑园、果园或林地的地块，不宜种植芦笋。因为土壤内残留的树根腐烂后易产生紫纹羽菌，若种植芦笋，则容易产生根腐病，造成严重损失。麦田病害较重的地块也不宜栽培芦笋。

（6）采收的芦笋需当天送到加工单位，因为采下时间过长会影响产品质量，所以选择种植芦笋的地块要尽量离加工厂近些，最好能集中成片，且交通方便，便于管理、收购及笋农销售。

（7）芦笋一经定植可连续采收 10～15 年，所以定植地块不宜经常性变动。土地承包年限应在 10 年以上，以便稳定笋田的种植与管理。

2. 定植田的整理

（1）深翻整地。芦笋是投产期很长的植物，一旦定植就很难再进行土壤耕翻，所以一定要在定植之前进行多次翻犁深耕，以保证土层深厚。芦笋根系生长良好，有助于幼龄芦笋的早生快发、地下鳞芽的肥大，实现早采收。一般要求耕层深度 30 cm 以上，耕翻后将土壤耙碎整平，拾净杂草和异物，达到土松、地净、面平，并将土地充分晾晒。

（2）施基肥。结合深耕撒施优质腐熟土杂肥 2 500～3 000 kg/亩，或翻犁耙平后开沟施 1 000 kg/亩花生藤或鲜绿肥，或者施用 100～150 kg/亩花生饼或豆饼，或 50 kg/亩磷酸钙，然后覆土踏实。土肥要混合均匀，以免烧根。

（3）挖定植沟。定植前要在深翻整平的土地上，按 1.4～1.8 m 的行距，根据地块，以南北或东西向划线，然后沿直线开挖种植沟。一般挖深为 40～50 cm、底宽 40 cm、口宽 60 cm 的定植沟。挖沟时要将 25 cm 以上的熟土和 25 cm 以下的生土分开放，回填时先放熟土，以利于芦笋根系的发育。种植沟挖好后，先把堆厩肥等优质土杂肥按 3 000～4 000 kg/ 亩或与氮、磷、钾复合肥按 50 kg/ 亩与土混合拌匀，施于定植沟内。最好再撒上一层原 1 cm 左右的土，防止根部直接接触化肥而烧根。定植沟不要填平，可低于原地面 5～7 cm，定植后再将沟逐渐填平。将定植沟灌水沉实，避免定植后因浇水或降水导致土壤下沉，使幼苗倒伏。两沟间的垄面要整成中间高、两侧稍低，形如馒头或龟背状。随着幼苗的不断生长，再将垄面土逐渐回填于定植沟内，形成高出原地表约 15 cm 的土垄，以便日后控制栽植深度和汛期排水防涝。

二、排灌设施建设

芦笋怕涝，如田间长期积水会造成根系缺氧而窒息死亡，所以要求做到灌水不过量，积水及时排。因此在建立基地时，要提前开展农田基础设施建设，配套排灌沟渠，确保旱时及时灌水，涝时及时排水。

农田水利系统是指"大、中、小、毛、腰、丰"6级沟渠配套。农田内一般只有"毛、腰、丰"3级沟。在实行家庭联产承包责任制以后，很多地方的田间水利工程都没有得到很好的保护和维修，给农田排灌带来一定困难。根据目前农户之间农田面积不等、长宽不一的情况，农户可以在农田内自行设计和开挖田间排灌沟渠。毛沟可顺长挖在笋田中间；腰沟按 50 m 左右一道，根据地块长宽，能挖多少就挖多少；丰产沟则可在对笋株培土时，用行间小沟来代替。最好是在村、组的协调下，按统一规格开沟。也可以几家联合，这样就可以将沟开挖得比较标准，也可提高土地的利用率。多雨和地下水位过高的笋区，为防止涝渍，笋株可以栽植在台田上。台田的筑法是每隔一段距离挖一深沟降渍，将沟土撒在沟边的地面上，这样就可将地面往上抬形成台田。然后将笋株定植在台田上，台面宽度以能定植 4～8 行芦笋为好。台田沟可以代替毛沟，雨涝时，腰沟可直接往台田沟内排水。灌

水时，可将腰沟与台田沟相通处堵实。（如图 4-1 所示）

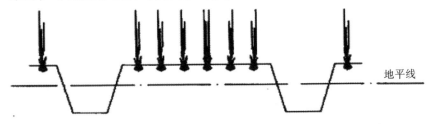

图 4-1　台田示意图（芦笋速生高产栽培技术，卜克强，2008）

在北方天气较干旱的地方，绿芦笋多为平地栽植，笋农习惯在植株基部筑垄。将笋田以株垄处为高点，以行与行之间的空地为低点，将地表修成波浪形即"W"形。这样，灌水时使水从行间低洼处走，不会大水漫田，始终保持株丛基部干燥，防止湿度过大而发生根部病害。而对白芦笋田，在行沟中洒水即可。（如图 4-2 所示）

图 4-2　平栽筑垄示意图（芦笋速生高产栽培技术，卜克强，2008）

芦笋喜干但怕旱，为保证成活，移栽后 7 ～ 10 天，要浇 1 次缓苗水，水量以足墒为准。如土壤偏旱，当 0 ～ 20 cm 土层的相对含水量小于 65% 时就要灌水。可在行间开沟灌跑马水，做到少灌勤灌，如有喷灌条件的更好。灌水要注意掌握时间，夏季高温时，不可在中午灌水，要采取早晚灌，以防水温、土温差别过大对芦笋造成伤害。雨季之前就要开好排水沟，夏日大雨时，要时刻检查田间是否有积水，如果有要及时排出。南方春季多雨，要注意笋田的排水；北方多春旱，要注意灌水。春灌要在 3 月中旬前结束，否则会使地温回升慢，影响芦笋的产量，切不可大水漫灌。灌水后要松土，提高地温。如遇夏季雨多水大，应注意排水。长江中下游地区夏季高温多雨，降雨大都集中在 6 ～ 8 月，春夏季芦笋定植后一定要注意做好排涝工作。根据植株的长势，及时培土，并开好厢沟，防止雨后笋田积水，造成涝害。地头还要开挖排水沟，以便及时排水。

第二节　节水灌溉

笋田灌溉要大力提倡节约用水，实行节水灌溉，从根本上解决水的供需矛盾。一是要把灌溉方式从大水漫灌改为小水隔行灌。二是要改自然灌水为设施灌水。三是要改明水灌溉为暗灌或滴灌。

一、喷灌

喷灌方式在芦笋种植中使用较少。一方面，在芦笋开始生长时，由于苗较小，导致空余地较多，用喷灌太浪费水，而养棚期苗太盛，喷灌的水难以灌溉到土壤上，不能满足芦笋生长的土壤湿度要求，从而抑制芦笋生长。且在栽培设施内，喷灌时间长，容易提高大棚内的湿度，增加发病概率。但喷灌可以结合滴灌设施一起建设，在需要时，结合喷洒农药、肥料等。（如图 4-3 所示）

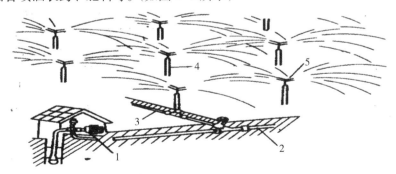

1. 泵站；2. 干管；3. 支管；4. 竖管；5. 喷头

图 4-3　芦笋基地固定式喷灌系统示意图

二、滴灌

芦笋基地采用滴灌系统灌溉较为理想，一般由水源—水泵—总过滤器—地下输水管—田间出地管—水阀—末端过滤器—田间输水管—滴灌管组成。在总过滤器后安装施肥器，可将液体肥料按单位面积定量从灌溉水中施入。但是，目前生产中安装的滴灌系统，常作简化处理，而不安装过滤器，往往引起滴灌管的出水孔阻塞，应引起重视，尽量避免。同时在布置芦笋基地的滴管滴头时要与田间芦笋的根盘相配套，滴水孔设在根盘附近，以便于芦笋吸收水分。

水源：可采用就近、方便、清洁的河、塘、沟、池、井等作为水源，其水质安全应达到 GB 5084—92 农田灌溉水质标准。但若水源离田地较远，必须在成片芦笋田边建一蓄水池，先用一水泵将水从水源处输送至蓄水池中，作为灌溉水源。

水泵：根据灌溉面积和水源情况，选用一定流量和扬程的水泵（如自吸离心泵、潜水泵等）。若水源与田块高差在 10 m 左右，可利用自然压差进行滴灌。

过滤设备：根据水源清洁度和滴灌管的类型，选用适宜的过滤器。内镶式滴灌管采用不少于 120 目的网式或叠片式过滤器。

输水管：水源至田块的地下输水管一般采用白色聚乙烯塑料管，管径依输水流量而定。棚内的地面输水管一般采用直径 25 mm 的黑色聚乙烯塑料管。

滴灌管：一般采用内镶式滴灌管或打孔带式滴灌管，每畦铺设 2 条或 1 条。

芦笋基地滴灌系统结构图和滴灌设施如图 4-4 和图 4-5 所示。

三、膜下滴灌

膜下滴灌的原理与滴灌相同，仅增加一层地膜，这样更能减少水分蒸发，提高水的利用率。但膜下滴灌土壤的湿润程度不易觉察，因

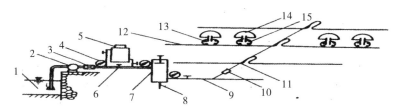

1. 水源；2. 动力和水泵；3. 流量计；4. 压力表；5. 化肥罐；6. 阀门；7. 过滤器；8. 排水管；
9. 干管；10. 流量调节阀；11. 支管；12. 毛管；13. 滴头；14. 葡萄枝；15. 短引管

图 4-4　芦笋基地滴灌系统结构图

图 4-5　芦笋基地的滴灌设施

此更要通过不断地观察，掌握好滴水灌溉时间。通过定时灌溉，一方面能提高水的利用率，另一方面能达到芦笋适宜生长的土壤含水量。

四、测墒节灌

测墒节灌就是通过土壤墒情监测，进行适时灌溉，使芦笋生长在适宜的土壤含水量范围内。如芦笋园基础设施完善，灌溉设施齐全，测墒节灌完全可以通过智能化系统来完成。只要将土壤墒情数据及时反馈给智能系统，灌溉系统就能及时根据土壤墒情实现自动灌溉。这样不仅不会浪费水资源，而且能使芦笋生长在适宜的土壤含水量范围内。

第三节　水肥一体化技术

水肥一体化技术是将设施栽培生产过程的水环节、肥环节加以科学有效耦合，按照芦笋不同生育期和不同生长季节的水、肥需求特点，进行科学管理，综合运筹。水肥一体化技术不仅能提高芦笋产量、改善芦笋品质，而且能降低设施内部的空气湿度和栽培土壤的盐分积累，实现芦笋设施栽培的高产优质和可持续发展。在芦笋水肥一体化技术中，以滴灌为主，喷灌为辅。

水肥一体化技术也称为灌溉施肥技术，是将灌溉与施肥融为一体的农业新技术，是精确施肥与精确灌溉相结合的产物。它是借助压力系统（或地形自然落差），根据土壤养分含量和作物种类的需肥规律和特点，将可溶性固体或液体肥料配兑成的肥液与灌溉水一起，通过可控管道系统均匀、准确地输送到作物根部土壤，浸润作物根系发育生长区域，使主要根系所在的土壤始终保持疏松和适宜的含水量及含肥量。

水肥一体化技术是现代种植业生产的一项综合水肥管理措施，具有显著的节水、节肥、省工、优质、高效、环保等优点。

一是节水。水肥一体化技术可减少水分的下渗和蒸发，提高水分的利用率。传统的灌溉方式，水的利用系数只有 0.45 左右，灌溉用水有一半以上流失或浪费了，喷灌方式的水利用系数约为 0.75，而滴灌方式的水利用系数可达 0.95。在露天条件下，微灌施肥与大水漫灌相比，节水率达 50% 左右。在保护地栽培条件下，滴灌施肥与畦灌施肥相比，每亩大棚一季节水量为 80 ～ 100 m^3，节水率为 30% ～ 40%。

二是节肥。利用水肥一体化技术可以方便地控制灌溉时间、肥料用量、养分浓度和营养元素间的比例，实现平衡施肥和集中施肥。与手工施肥相比，水肥一体化的肥料用量是可量化的，作物需肥多少就施多少，同时将肥料直接施于作物根部，既加快了作物吸收养分的速度，又减少了挥发、淋溶流失所造成的养分损失。水肥一体化技术具有施肥简便、施肥均匀、供肥及时、作物易于吸收、肥料利用率高等优点。在作物产量相近或相同的情况下，水肥一体化技术与传统施肥技术相比可节省化肥 40%～50%。

三是减轻病虫害的发生。水肥一体化技术有效地减少了灌水量和水分蒸发，降低了土壤湿度，抑制了病菌、害虫的产生、繁殖和传播，在很大程度上减少了病虫害的发生。因此，也减少了农药的投入和防治病害的劳力投入，与传统施肥技术相比，利用水肥一体化技术每亩农药用量可减少 15%～30%。

四是节省劳动力。水肥一体化技术是管网供水，操作方便，便于自动控制，减少了人工开沟、撒肥等过程，因而可明显节省劳动力。且水肥一体化技术是局部灌溉，大部分地表保持干燥，减少了杂草的生长，也减少了用于除草的劳动力。采用水肥一体化技术减少了病虫害的发生，所以也减少了用于防治病虫害的喷药劳动力；水肥一体化技术实现了种地无沟、无渠、无埂，大大减轻了水利建设的工程量。

五是增加产量，改善品质，提高经济效益。水肥一体化技术适时、适量地供给作物不同生育期生长所需的养分和水分，明显改善作物的生长环境条件，因此，可促进作物增产，提高农产品的外观品质和营养品质。应用水肥一体化技术种植的作物，生长整齐一致，定植后具有生长恢复快、收获提早、收获期长、丰产优质、对环境气象变化适应性强等优点。通过水肥的控制还可以根据市场需求提早供应市场或延长市场供应期。

六是便于农作管理。水肥一体化技术只湿润作物根区，其行间空地保持干燥，因而即使是在灌溉的同时，也可以进行其他农事活动，减少了灌溉与其他农作的相互影响。

七是改善微生态环境。采用水肥一体化技术除了可明显降低大棚内的空气湿度和温度外，还可以增强微生物活性。与常规畦灌施肥技

术相比，滴灌施肥可使地温提高 2.7 ℃，有利于增强土壤微生物的活性，促进作物对养分的吸收；有利于改善土壤的物理性质，滴灌施肥克服了因灌溉造成的土壤板结，降低土壤容重，增加孔隙度，能有效地调节土壤根系的水渍化、盐渍化、土传病害等的发生。

八是减轻对环境的污染。水肥一体化技术严格控制灌溉用水量及化肥施用量，能防止化肥和农药淋洗到深层土壤，造成土壤和地下水的污染，同时可将硝酸盐产生的农业面源污染降低到最低程度。此外，利用水肥一体化技术可以在土层薄、贫瘠、含有惰性介质的土壤上种植作物并获得最大的增产潜力，能够有效地利用开发丘陵地、山地、砂石地、轻度盐碱地等边缘土地。水肥一体化的灌溉施肥形式较多，种植户可以根据自己基地的现状（包括设施情况，喷管、滴管的布设情况）及经济实力来构建水肥一体化体系。

一、滴灌施肥

滴灌施肥的形式主要有如图 4-6、图 4-7 所示的两种模式。

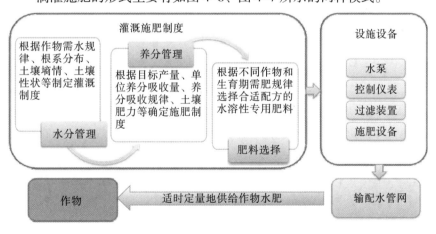

图 4-6 水肥一体化技术示意图（样式 1）

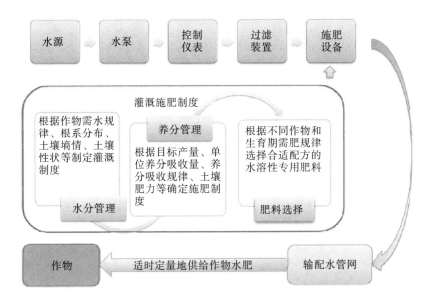

图 4-7 水肥一体化技术示意图（样式 2）

灌溉施肥模式确定以后，要根据田间的实际情况，配套溶肥池、施肥器等相应设备。设施准备与灌溉施肥参数设定可以参照图 4-8。

以上设施设备选定及田间输配水管网建立完善后，要根据前几年的施肥水平和产量水平建立芦笋水肥一体化的施肥指标体系。在建立施肥指标体系时，可以根据目标产量的总需肥量及肥料利用率、土壤贡献率等综合因子确定施肥指标体系。由于水肥一体化的肥料利用率与土壤贡献率基本相同，因此在确定施肥指标时，可以简单地以目标产量的需肥量作为肥料投入的用量水平。（如图 4-9 至图 4-11 所示）

自建蓄水池取水，蓄水池容量
16 m³

采用2个7.5 kW水泵，分区块控制，
单次灌溉20个棚约15亩

采用叠片式反冲洗过滤器组合

调节灌溉施肥压力约0.3 kPa

图4-8　设施准备与灌溉施肥参数设定

田间小区块水肥一体化施肥

肥、药液通过输配水管网输送至田间

顶部喷头进行叶面施肥和喷药

通过滴灌管或滴灌带输送水肥至植株根部

图 4-9　田间管网建立与水肥输送

图 4-10　水肥同灌后的粗壮芦笋苗

选用DOSATRON比例注入器，调
节进肥比例为1%～2%

根据作物需肥规律选择合适配方
的水溶专用肥

水肥药一体化运行

按照重量比1∶4至1∶2配制肥料
母液或药液

图4-11　施肥器、水溶肥选择及肥料溶液配制、运行

　　表4-1是杭州市富阳区在开展芦笋水肥一体化施肥时推荐的方案。通过该方案的实施，该区的芦笋产量、品质有了很大的提高，有效减少了化肥用量。据田间统计分析，采用水肥一体化技术种植的芦笋母茎健壮，枝条茂盛、有力；芦笋嫩绿、粗壮，增产率为30%～40%，化肥用量减少35%～40%。

表4-1 芦笋水肥一体化施肥指标体系

时期	每亩使用量	叶面喷施
基肥	商品有机肥为 750 kg	—
养苗期	奥捷高氮腐殖酸水溶肥料 5 L/次，共 2 次	苗欢（氨基酸水溶肥料）400 倍 2 次
采收期	高钾 2 次、高氮 1 次交替使用，5～8 L/次，每次间隔 10～15 天	苗欢 2 次、果乐 1 次 400 倍喷施交替使用，15 天左右 1 次
采后期	高氮 10 L/次，共 2 次	苗欢 400 倍 1～2 次

二、叶面喷施

由于芦笋在采收期基本上每天均要采摘，滴灌施肥不能满足芦笋对养分的需求，因此叶面喷施往往作为滴灌施肥的补充，特别是在养苗期、采收期。在滴灌的基础上，增加叶面喷施能较好地补充叶面对养分的需求，加快地上部的生长，从而提高芦笋的产量。在采后期，通过叶面喷施能较好地恢复芦笋地上部的长势，从而为来年积累更多的养分。叶面喷施容易增加大棚内的湿度，在芦笋感病季节，容易增加感病概率，因此要慎重使用。

第四节 覆盖保墒

一、绿肥、豆科作物间（套）作及覆盖

种植芦笋的大田，要以采笋出售、增加收入为目的，也就是说，要最大限度地发挥单位面积上的经济效益。要仔细算一笔账，在芦笋田内间（套）作其他作物是否会影响芦笋的产量，影响的程度有多大，间（套）作物的收入有多少，是增收还是减收。调查证明，较大的芦笋

田间（套）作其他作物多数收不抵失。特别是在北方，有的笋农在笋田套种玉米、棉花等高秆作物，由于棉花和玉米生长量大，使得整个笋田育枝绿叶，给人造成一种丰收的假象，实际上间种作物影响了主栽芦笋的正常生长。

在北方干旱地区，新栽的小笋由于生长量小，地面裸露面积大，会造成蒸腾系数大，较容易失水。芦笋田中可适当间作低矮作物，如青菜、绿肥等，以增加地面覆盖率，防止水分散失，但不要间作套种高秆作物。间作物的种植规模不能大，如间作面积太大，会影响笋苗的发育生长。一般笋行旁各设 30 cm 为笋苗的管理带，30 cm 以外才是间作带。不过，芦笋进入成龄期后不要间作套种其他作物。

套种作物种类选择。选择能与芦笋互相促进和彼此保护、地上部器官不影响芦笋正常生长、根系分泌物能促进芦笋生长发育的作物套种。如套种蚕豆、毛豆、四季豆等豆科作物能形成根瘤菌，提高土壤中速效氮含量，促进芦笋生长。一些蔬菜如白菜、胡萝卜、马铃薯等也是套种的适宜作物。

套种作物品种选择。套种作物品种的选择应考虑其株形（直立性）和叶形（小叶形），同时根据芦笋移栽季节和苗的大小估算共生期的长短，选择适宜该季节生长的作物品种。

共生期的确定。根据套种作物生长习性确定共生期及其长短。套种作物生育高峰时期需肥、需水量大，所以应尽量安排在芦笋移栽初期套种，以减少套种作物对芦笋幼苗生长的影响。

几种参考间（套）种模式如下。

1. 芦笋 + 紫云英

紫云英是南方的主要冬绿肥，在提高土壤肥力方面有较好的效果，冬季清园是播种紫云英的良好时机，可采用一些当地的高产品种。

在南方，紫云英还是很好的受消费者欢迎的春节时鲜蔬菜。因此可在 9 ～ 10 月清园后，在芦笋田的空地撒一些紫云英种子。一方面可以通过紫云英形成的根瘤菌提高土壤的供氮能力，且紫云英还田后还能补充有机肥，改善土壤结构，提高土壤肥力；另一方面，通过紫云英的郁蔽作用，可减少土壤水分蒸发，保持土壤湿度。（如图 4-12 所示）

图 4-12　大棚芦笋间种紫云英

2. 芦笋 + 青菜

选用中熟青菜品种，于 9 月底 10 月初育苗。10 月中旬整地，施肥，移栽。1.4 m 芦笋行距间种植青菜 5 行，青菜行距 20 cm、株距 20 cm。待芦笋进入休眠期时青菜处于旺盛生长期，青菜收获后还可套种马铃薯等经济作物。（如图 4-13 所示）

图 4-13　大棚芦笋间种青菜

3. 芦笋 + 马铃薯

在芦笋 1.5 m 的行距中可以种植 2 行马铃薯。据江西地区试验，12 月初在芦笋行距中播种马铃薯，4 月初即可收获，平均每亩产量达到 1 615 kg。由于加强了田间管理，芦笋幼苗长势优于未套种马铃薯的田块。

4. 芦笋 + 草莓

夏季定植的芦笋可在行间套种草莓。种草莓需起垄，垄宽 50 ～ 60 cm、高 10 ～ 15 cm，每垄种 2 行，并用地膜覆盖，管理同常规。

值得注意的是，芦笋苗定植到大田第二年以后，根系已经很发达，因此在其生长期内就不能套种任何作物，否则将严重影响芦笋生长。不少地方都有因第二年套种作物而导致翌年芦笋严重减产的情况发生。

二、秸秆覆盖

作物秸秆覆盖就是当芦笋所蓄母茎长出侧枝后，在厢面均匀铺上 3 ～ 4 cm 厚的作物秸秆。这样一是下雨时能减少带菌泥土溅到芦笋茎秆上，降低芦笋茎枯病的发病率；二是抑制杂草的滋生和旺长，有利于解决杂草与芦笋争光、争肥、争水的问题；三是抑制土壤水分蒸发，有较好的保墒作用，并能保持土壤疏松；四是作物秸秆腐烂后，能增加土壤有机质含量。（如图 4-14 所示）

图 4-14　芦笋基地的秸秆覆盖

三、地膜覆盖

用地膜覆盖进行芦笋栽培，不仅可以提高地温，而且具有保持水分、消灭杂草和预防病虫害的作用。早春用地膜覆盖的芦笋，膜内土壤温度比露地提高 3 ～ 6 ℃，因而鳞芽得以提前萌动，嫩茎出土比露地早发生 15 ～ 20 天，可以提前采收供应市场。地膜有白色、黑色、绿色、蓝色等多种颜色。采用黑色地膜覆盖还兼有消灭杂草的效果。早春确定用地膜覆盖的笋田要提前清园、整地、施肥和防治病虫害，并进行冬灌或早春灌水，保证笋田有足够的墒情。盖膜有平铺和设小拱棚两种方式。一般盖地膜时间在 2 月中下旬至 3 月上旬。盖膜时，采笋前的一切整理工作均应结束，否则还要揭膜管理，就失去了覆盖的意义。单行栽植的，可单行覆盖；双行栽植的，可以盖窄垄双行。支架拱棚应提前盖膜，临出笋前进行支架搭棚。地膜宽度应以能覆盖到行外 30 cm 为度，覆盖后封实膜边。平盖地膜，株间要压稀疏的土块，以防止大风揭膜。待嫩茎出土时，用手打洞，让嫩茎出膜生长。采笋后形成的洞眼，可用土封堵好。气温正常后，就可以揭膜，然后进入露地笋田管理。

经过地膜覆盖的芦笋因为提前采收，比露地种植消耗的营养多，所以在揭膜后的管理中，要视长势适当加大肥、水供应，以弥补笋株的养分不足，保证其正常生长。

早春和晚秋新定植的芦笋，最好用地膜覆盖以促使其提前返苗与生长，有利于提早培育成壮株并提前进入采笋期。用营养钵苗移栽的，可以先将定植沟平整好或先整好大田而不再开沟，直接用地膜覆盖定植行，用移苗器在线上按株距连同地膜一起打定植洞，把营养钵放入洞内，最后培土盖好洞口即可。用大棚直播育苗移栽的，一般在定植后覆盖：用两块地膜从两边往苗垄上覆盖，将小苗从接缝中露出，空隙间两块地膜最好重叠一部分，然后用土将两边和缝压实。用地膜覆盖方法定植的小苗，揭膜时间可适当推迟，一般到高温季节再揭膜。

随着小笋株的生长和田间操作的进行，地膜已经千疮百孔，这时即便不揭膜也起不到覆盖的作用了。

此外，在秋季延迟和冬春季用拱棚或温室进行芦笋育苗或栽培的，在出苗前或采笋前，有时也在地面上加盖地膜，形成双膜或三膜大棚，这样保温效果更好。（如图 4-15 所示）

图 4-15　冬季地膜覆盖抽生的芦笋

四、遮阳网

遮阳网是广泛应用于各种栽培作物的遮阳设备。是用加入了光屏障剂、防老化剂和各种色素的聚乙烯等高分子聚合材料，熔化后拉丝成片，而后编织而成的网状物。遮阳网以黑色为主，具有避光、防旱、防雹冻、防病虫等作用。遮阳网颜色各异、网孔的密度不同，因而它的遮光效果也不同，一船遮光率为 30% ～ 75%，在购买时要选择颜色、网孔合适的产品。

据试验证明，夏季架遮阳网的绿芦笋田，温度可降低 4 ～ 13 ℃，这样就能使笋株减少呼吸消耗，增加营养积累，达到避开高温而正常生长的目的。

遮阳网在芦笋栽培上，应用最广泛的是夏季育苗和大棚内大笋的遮阳。夏季育苗时，要在苗畦上搭方棚或拱棚，而后覆盖遮阳网，必要时四周用网和地面接齐，这样还可以防止害虫进入苗畦为害。

五、其他保水技术

（一）土壤保水剂

新型土壤保水剂是一种通过辐照合成的具有超强吸水、保水和释放水分能力的高分子聚合物，它能迅速吸收比自己重数百倍的水分，创造能快速吸收、储存、缓慢释放水分和养分的"小水库"，并能有效减少灌溉水（或雨水）渗漏，控制土壤水分蒸发，以满足芦笋生长需要，促进芦笋根系的生长，也能改善土壤结构，增加土壤活性，减少土壤板结等。保水剂可在土壤湿时吸收水分，在土壤干时释放水分，保持芦笋根部环境湿润，减少肥料损失，是农业生产上一项节本增效的有效措施。通过田间试验发现，使用保水剂后，不仅可以有效增加芦笋新发嫩茎的数量和粗度，提高芦笋生育指数，为芦笋丰产打下基础，而且还可以有效抑制苗期芦笋徒长，起到强苗、壮苗的作用。芦笋使用保水剂时以质量比为 1 000 ∶ 3 的效果最好，大田生产以湿施保水剂 13.5 kg/ 亩较好。

（二）设施栽培

塑料拱棚是用支架支成拱形，上面用农膜覆盖而成。拱棚防寒保暖，主要用于芦笋的反季节栽培，达到鲜芦笋市场供应淡季不淡的目的，同时实现芦笋的避雨栽培和温湿度的可控。

拱棚有大有小，没有固定的规格和尺寸，以便于笋农就地取材、管理和能使棚内芦笋正常生长为准。大拱棚多用于芦笋的反季节栽培，有时用于芦笋育苗；小拱棚则多用于早春芦笋的育苗。

建造大棚用的材料较多，结构也较复杂。有用钢管焊接而成的钢管大棚，这种大棚较结实耐用，但造价高；有用水泥桩或木桩做支架、用竹条做拱架的竹木大棚，这种大棚可就地取材，节约资金。无论哪

种大棚,都要求结实牢固,要扛得住风吹雪压。用钢管做支架的,拱形底部要用水泥封牢;用竹木建造的要使桩基深埋于土下,并用钢丝或绳索固定拉紧。拱与拱之间要用联杆系牢或焊住。温度降低时,棚上农膜要盖好;寒冷时,要另加保暖物覆盖。注意棚内的通风与换气,以通风口开口的大小和受光的强弱来调节棚内的温度与湿度,必要时可人工增温。大棚高度以棚内能行人为宜,宽度以能覆盖4行芦笋为宜。当然,如果能在棚内加密栽培,效果更好。大棚内可以套小棚,小棚以覆盖2行芦笋为最好。必要时,出笋前小棚内还可铺地膜,增加保暖效果。(如图4-16所示)

图4-16 芦笋的大棚栽培

第五章　芦笋栽培关键技术

第一节　品种选择与育苗定植

一、品种选择

宜选用优质丰产、抗逆性强、适应性广、商品性好的杂交一代品种，如"格兰蒂""阿特拉斯""太平洋早生""特丽龙"等进口品种及冠军、"硕丰"、"鲁"系列、"丰岛"系列等国内品种。杂交一代芦笋植株高大，抗病性强，笋茎粗壮，产量高，品质优，嫩茎可长到 30 cm 并在 30 ℃高温下仍不散头。

格兰蒂：植株高大，长势强健，产量高，质量好，抗病性特强，产品粗壮肥大，色泽深绿，外表光滑，鳞片抱合较紧密，笋尖外突明显，高温下散头率低。

阿特拉斯：植株高大，长势强健，嫩茎抽生多而整齐、均匀粗壮，色泽翠绿，顶部鳞片抱合紧密，笋尖似毛笔头，不易散头，笋萌芽早，茎数多，产量高，质量好，抗病性强。

太平洋早生：早熟性好，春季出笋特早，嫩茎均匀整齐，色泽翠绿，顶部鳞片抱合紧密，质量好，植株高大，抽茎多，产量较高，抗病性较强，但耐湿性略差。

二、园地选择与整理

选择地势平坦、地下水位较低、排灌方便、土层深厚、土质疏松、但富含有机质的壤土或沙壤土，pH 值以 6.5 ～ 7.8 为宜。

移栽前每亩普施腐熟栏肥 3 000 kg，将肥料深翻入土，以达到破隔层、疏松土壤的目的。随后平整土地，每隔 150 cm 开宽 40 cm、深 30 ～ 40 cm 的定植沟。每亩用腐熟栏肥 2 000 ～ 3 000 kg 与土拌匀施

于沟底，尿素 20 kg、钙镁磷肥 30 kg、硫酸钾肥 30 kg 与土拌匀施于沟的中层，上面再盖一层厚土，土与地面相平。

三、育苗与移栽定植

春季一般为 3 月中旬至 5 月中旬播种，秋季以 8 月下旬至 9 月上旬播种为宜。大田用种量一般为 40 ～ 50 g/ 亩。有直播育苗和营养钵育苗两种方式。

直播育苗：选前作不是芦笋、甘蔗、果树的沙质壤土作苗床，每亩撒施腐熟栏肥 2 500 kg、三元复合肥 20 kg，将肥料翻耕入土，浇施 70% 代森锰锌 500 倍稀释液，或 70% 托布津 500 ～ 700 倍稀释液，或 75% 百菌清 500 倍稀释液，或 25% 凯润 800 倍稀释液等杀菌剂进行土壤消毒。做成（连沟）宽 150 cm、高 15 ～ 20 cm 的畦，与畦长垂直方向每隔 20 cm 开一条深 5 cm 的播种沟，沟内每隔 8 ～ 10 cm 播 1 粒种子，盖土与畦面平，上覆一层薄稻草或黑纱（遮阳网），浇 1 次水，使床土湿透。春季播种应盖地膜、搭小拱棚保温保湿。（如图 5-1 所示）

图 5-1　芦笋的直播育苗

营养钵育苗：营养土按未种过芦笋且过筛的洁净菜园土 70%、腐熟栏肥 20%、草木灰或焦泥灰 10% 配制，另加营养土量 2% 的过磷酸钙，拌和均匀后覆盖薄膜，堆制一周，然后装入（8 cm×8 cm）～（10 cm×10 cm）或 32 孔的穴盘，将营养土整实备用（穴盘育苗），也可将商品基质作为营养土。每亩大田需备营养钵 1 800 ～ 2 000 个。1 穴播 1 粒种子，其深度为 0.3 ～ 0.5 cm，然后盖土至与播种穴平，码放整齐后覆盖一层薄稻草或遮阳网，浇 1 次水，使营养土湿透。播种后冬春季加盖小拱棚保温，夏秋季搭荫棚降温。（如图 5-2 和图 5-3 所示）

图 5-2　芦笋的营养钵育苗

图 5-3　芦笋的穴盘育苗

播前种子的处理与浸种、催芽。先将种子进行清洗，然后在 55 ℃ 的温水中浸 15 min，期间不断搅拌，反复搓擦，随后再在常温下用 50％多菌灵 250 倍稀释液浸种消毒 2 h 后捞出，用清水冲洗干净。将 种子放于 25 ～ 30 ℃的清水中，春播浸 72 h，秋播浸 48 h，每天早晚 各换 1 次水。浸种后沥干置于 25 ～ 30 ℃的条件下进行保湿催芽，待 种子部分露白时播种。

苗床管理。播后适当浇水，保持床土湿润。20% ～ 30% 幼芽 出土后及时揭去稻草、地膜等，要防止揭草过迟伤苗。苗床温度白 天 20 ～ 25 ℃，最高不超过 30 ℃，夜间以 15 ～ 18 ℃为宜，最低 不低于 13 ℃。注意通风换气、控温降湿，保持苗床湿润。当幼苗高 15 ～ 20 cm 时，可采取通风不揭膜的办法，使幼苗适应外界环境，锻 炼壮苗。春播小拱棚出苗 70% 以上时，要及时通风换气，特别晴天中 午要揭膜降温，膜内温度不得高于 30 ℃，以防高温烧苗。夏秋季齐苗 后应揭去荫棚。苗高 10 cm 时及时中耕除草追肥，前期 5 ～ 7 天，中 后期 10 ～ 15 天各浇施 1 次加有 40% 多·锰锌可湿性粉剂 600 倍稀释 液的淡肥水，保证壮苗，营养钵育苗每钵保留壮苗 1 株。秋播苗在冬 季地上部枯萎后要及时割去地上部清园过冬。

春播壮苗标准。苗龄 45 ～ 60 天左右，苗高 30 cm 以上，有 3 ～ 4 根地上茎、5 条以上肉质根，鳞芽饱满，无病虫害。秋播壮苗标准：有 4 根以上地上茎、5 条以上肉质根，鳞芽饱满，无病虫害。

种植密度。秧苗大小分级，带土移栽，单行种植。行距 1.4 ～ 1.6 m，株距 25 ～ 35 cm，密度 1 300 ～ 1 700 株／亩。从通风和方便 易管理角度考虑，中间畦与旁边畦可以不等行距移栽带土挖苗，在事 先做好的定植沟内，每 25 ～ 30 cm 挖一个深 15 cm 的定植穴，分株分 级栽植。苗株肉质根均匀伸展于沟内，地下茎上着生鳞芽的一端顺沟 朝同一方向覆土 5 ～ 6 cm，畦呈龟背形即可。（如图 5-4 所示）

图 5-4　芦笋的移栽

芦笋宜单行种植。根据大棚跨度，一般 6 m 棚种 4 畦，行距 1.5 m，株距 30 ～ 35 cm；8 m 棚则种 5 畦，行距 1.6 m，株距 25 ～ 30 cm。棚内母株要及时整枝、疏枝和打顶，既可提高光合效能，又可增强通风和透光性，避免病害发生，培育优良的植株群体。

定植后每隔 5 ～ 7 天浇 1 次淡肥水，以利活棵还苗（如图 5-5 所示）。抽生新嫩茎后每隔 10 ～ 15 天培土 1 次，每次 3 cm，共培土 2 ～ 3 次，直至棵盘处盖土厚 10 ～ 12 cm。以后植株长势渐旺，每隔 10 ～ 15 天结合中耕除草施 1 次追肥。每次每亩施 10 kg 复合肥或 15 kg 有机复合肥或相应的尿素、钾肥，于植株两边开沟施入。同时每隔 7 ～ 10 天喷施 1 次叶面肥，及时补充养分，增强植株抗逆性。

图 5-5　定植后浇水活根

疏枝搭架。移栽后的芦笋茎枝纤细，生长密集，不利于通风透光，须每隔半月清理疏枝 1 次，去除细弱病衰茎枝。同时及时搭架拉线，防止倒伏。进入 10 月后，每棵盘保留健壮茎株 10～15 根，待其自然长至 1.5 m 高时打顶。（如图 5-6 所示）

图 5-6　留养母茎及打顶、搭架

第二节　合理施肥

芦笋对氮、磷、钾的需求比例为 10：7：9，应根据需肥要求，合理搭配各种营养元素，并多施有机肥。每年每亩需施有机肥 5 000 kg、芦笋专用复合肥 75 kg，按早春嫩茎萌发前、夏季蓄茎期和秋季蓄茎期 3 个主要需肥高峰期，分别施入春发肥、复壮肥、秋发肥。增施钾肥，促进植株健壮，能有效提高芦笋的抗病和耐病能力，提高产量。

施足基肥。足量的有机肥是芦笋高产的基础，大棚栽培应慎用化肥作基肥。（如图 5-7 所示）

a. 把优质基肥倒在垅面上　　　b. 把基肥均匀地散施在垅面上

图 5-7　基肥施用

根据芦笋生长发育不同时期全年共施 3 次基肥。第一次为冬腊肥，即在 12 月中下旬冬季清园后，每亩沟施腐熟有机肥 1 000 ～ 2 000 kg，三元复合肥 30 kg 或有机复合肥每亩 100 ～ 150 kg；第二次为夏笋肥，春母茎留养成株后，4 月下旬，每亩沟施腐熟有机肥 1 000 kg、三元复合肥 15 kg 或有机复合肥 50 ～ 100 kg；第三次为重施秋发肥，于 8 月底至 9 月上旬每亩施腐熟栏肥 3 000 kg、三元复合肥 30 kg 或有机复合肥 100 ～ 150 kg。

合理追肥。大棚采冬春笋期一般不施肥。夏笋采收期一般在 5 月下旬开始，前期隔 20 天，后期隔 15 天左右，每亩施有机复合肥 30 kg。在秋母茎留养后，视植株长势追肥。一般隔 15 天左右施一次追肥，每亩施有机复合肥 20 ～ 30 kg，中后期隔 7 ～ 10 天喷一次叶面肥，既增加养分以利高产，又延长植株绿叶期，提高光合效能，增强植株抗逆性。

芦笋是需水作物，但又不能浸水，同时在采笋季节要不断地补充营养，因此采用水肥一体化施肥技术是解决这一问题的较好办法。芦笋的水肥一体化技术方案可以采用全程的，也可以采用半程的。全程的水肥一体化技术方案就是全部时期采用水肥一体化技术，基肥以高含腐殖质的水溶肥为主，苗期以高氮水溶肥为主，采笋期以高钾水溶肥为主；半程的水肥一体化技术采用追肥时应用水肥一体化技术，基肥为有机肥加适量的化肥，追肥的水肥一体化技术流程与全程的水肥一体化技术相同。（如图 5-8 和图 5-9 所示）

图 5-8　芦笋水肥一体化技术应用

图5-9 全园实行水肥一体化技术

另外，利用畜禽粪尿制沼气的沼液作肥源，稀释后作追肥，结合滴灌（也可采用人工浇肥）施于芦笋棵盘，实践证明效果十分明显。在当前新农村建设中，芦笋生产的沼液生态利用具有十分重要的意义。

第三节 病虫害防治

芦笋的病害主要有茎枯病、根腐病、褐斑病、灰霉病等，虫害主要有蓟马、蚜虫、斜纹夜蛾、甜菜夜蛾、蝼蛄等。

芦笋的种植应遵循"预防为主，综合防治"的植保方针，优先采用农业防治、物理防治、生物防治等技术，合理使用高效、低毒、低残留的化学农药，将有害生物的为害控制在经济允许阈值内。

一、农业防治

选用优良抗病品种和无病种苗，及时盖膜避雨栽培。合理密植，深沟高畦，科学排灌、施肥、清园，加强生产场地管理，保持环境清洁。

清洁田园，做好夏笋采收结束和秋笋采收结束时的二次清园。在夏秋笋采收后，适时拔除地上部分母茎，清除病残株，搬至远离笋田处，可用作牲畜饲料，还可集中粉碎堆沤发酵作肥料。切勿焚烧，以保护环境。

二、物理防治

采用杀虫灯、粘虫板等诱杀害虫（如图 5-10 所示）。

防虫网隔离。夏季大棚采用薄膜盖顶，四周裙膜改成防虫网隔离进行避雨和防虫栽培（如图 5-11 所示）。

黄色板诱杀。每亩悬挂规格为 25 cm×40 cm 的黄板 30～40 块以诱杀蚜虫。

频振式杀虫灯诱杀。每 2 000～3 000 m² 安装一盏频振式杀虫灯诱杀夜蛾科害虫。

图 5-10　芦笋园的杀虫灯

图 5-11　芦笋园的防虫网

三、生物防治

生物防治指保护和利用天敌，控制病虫害的发生和为害。使用印楝素、乙蒜素等生物农药防病避虫。利用性诱剂通过诱芯释放的性信息素引诱雄性昆虫进入诱捕器灭杀，破坏雌雄性别比，降低雌蛾的交配概率、落卵量和有效卵量，达到控制害虫种群的目的。每个大棚悬挂斜纹夜蛾诱捕器和甜菜夜蛾诱捕器各一套（如图 5-12 所示）。

图 5-12　芦笋园的性引诱剂杀虫

四、化学防治

在芦笋的种植管理过程中应选用已登记的农药或经农业推广部门试验后推荐的高效、低毒、低残留的农药品种,避免长期使用单一农药品种;优先使用植物源农药、矿物源农药及生物源农药。禁止使用高毒、高残留的农药。

五、主要病害的症状及防治

(一)茎枯病

芦笋茎枯病是一种毁灭性病害,在世界各芦笋产区几乎都有发生。近年来,随着我国芦笋种植面积不断扩大,芦笋茎枯病在辽宁、山东、安徽、河南、河北、天津、上海、江苏、浙江和福建等产地都曾出现过,其为害程度也随之加重。十几年来,全国已有 13 万多公顷的笋田因茎枯病损毁,给广大笋农造成巨大经济损失。

1. 病症

茎枯病侵害部位主要是茎和枝条,不侵害叶。发病初期侵害部位是主茎,多于距地面 50 cm 处出现浸润性褐色小斑,而后呈淡青色乃

至灰褐色，同时扩大成梭形，也可多数病斑相连成为条状。病斑边缘
为红褐色，中间稍凹呈灰褐色（灰棕色）。之后病斑仍可继续扩大，呈
边缘红褐色、中间灰白色的大型病斑，上面密生针尖状黑色小点，即
分生孢子器。病斑能深入髓部，待绕茎一周，上部茎秆即失水枯死
（如图 5-13 所示）。如天气干燥则边缘界限清晰，不再扩大，成为"慢
性型"病斑；若天气阴雨多湿，则病斑迅速扩大，可蔓延包围整个茎
部，致使病斑上部的枝茎枯死，此即为"急性型"发病。

图 5-13　田间芦笋嫩茎、茎秆、拟叶茎枯病的发生症状

在小枝和拟叶上发病则先呈现褪色小点而后小点边缘变成紫红色，
中间灰白色并着生黑色小点。由于病斑迅速扩大，小枝易折断或倒伏，
茎内部灰白色、粗糙以致枯死。拟叶上发病常常来势迅猛，田间的芦
笋几天内便可成片枯黄。

2. 病原菌

茎枯病病原菌为半知菌亚门球壳孢科茎点霉属真菌，菌丝灰白色、
棉絮状。分生孢子器扁球形，黑褐色，起初埋生于寄主表皮下，成熟
后突破表皮半露在外。分生孢子长椭圆形，单孢，无色。

3. 发病规律

茎枯病病原菌以分生孢子或菌丝在病残株上越冬。翌年再由孢
子器中飞出分生孢子侵害嫩茎。据测定，在山东潍坊地区茎枯病病菌
在田间可存活超过 2 年。华北地区 4 月开始见病株，但前期病情发展

缓慢，7～9月为发病盛期，10月下旬进入越冬阶段。全年发病时间近6个月，在此期间侵染周期平均为10～12天。在芦笋整个生长季节，病菌可进行10多次反复侵染。研究表明，种子可以带菌。病害在一年中的发生消长可分为两个阶段。一是病害扩展期，即开始发病的30～40天内；此期病株率尚低，病情发展缓慢，发病部位多在植株外围的小枝上。二是病害严重期，即发病40天以后，田间病株率达40%以上；此期约从7月下旬或8月开始，正值采笋结束之后。此时由于笋丛逐渐变密，加上雨季来临，给病害发生创造了非常有利的条件，因而压低前期病情，对控制后期发病有很大作用。

茎枯病的流行与降雨、风向有密切关系。雨水溅沾的传染距离较近，是初期的侵染途径。空气传染是大面积发病的主要原因，田间的蔓延方向和发病速度常受风向影响。

新梢、嫩茎容易发病。地势低洼、土质黏重的地区发病情况高于地势高及干燥的沙质壤土地区。另外，过量偏施氮肥也会促使发病严重。

4.病菌存活的条件

（1）温度。茎枯病病菌生长的温度范围是16～36℃，适温为23～26℃。山东潍坊地区4月下旬至10月中旬平均气温为16～26℃，处在适温范围内。因此气温的变化对发病轻重无明显影响，但春季气温的高低与发病早晚却密切相关。

（2）水分。由于分生孢子的释放、萌发和侵入都需在有水的条件下进行，因此，每次雨后10天，田间就出现一次发病高峰。

（3）寄主。接种试验证明，出土1～3天的幼笋茎枯病的发病率达30.8%，笋龄越长发病率越低，40天以上的笋株基本不发病。从早春到秋末整个生育期，芦笋平均每墩每天出幼笋0.5～0.8株，并不停地生长出侧枝，给病菌的侵染提供了有利条件。尤其是当久旱遇雨、笋苗大量出土、雨量适中时，病害往往大发生。

5. 防治方法

对茎枯病的防治各地都有一些经验，都认为必须采取综合措施，压缩菌源基数和提前进行预防，即药物为主，综合防治，一定要改变不发病不打药的错误做法。

（1）在开园定植时注意选择地势较高、排水良好的地块。割除的病茎应进行烧毁或深埋。

（2）在田间覆盖地膜或稻草，以防止溅雨传病。

（3）适当控制植株长势，不要过度繁茂，尤其在"茎桩"上萌发的细枝更易感病。

（4）清园。彻底清除并烧毁病株残体是压低初侵染菌源、控制发病的重要环节。据调查，经过冬天彻底清园的笋田的病株率仅为 6.7%，未清园的病株率为 68.5%。清园一般在 3 月进行，重病地块也可在年前进行。清园和发病初期，可用 25% 吡唑醚菌酯乳剂（凯润）2 000 倍稀释液，或 80% 代森锰锌可湿性粉剂 800 倍稀释液，或 80% 乙蒜素乳剂 800 ～ 1 000 倍稀释液浇根进行土壤消毒，每隔 7 天浇 1 次，连续浇 2 ～ 3 次。采收前 15 ～ 20 天应停止用药。生长季节及时清除病枝对控制病情也有极显著效果。据试验证明，只清理病枝者，第二年鲜笋增产 16.62%；清理病株病枝后地面盖草者，第二年鲜笋增产 51.86%。

（5）增施钾肥。钾对增强芦笋抗病性和提高产量有显著作用。田间大区试验证明，每亩施氯化钾 20 ～ 40 kg，防病效果为 19.88% ～ 44.55%，增产 21.88% ～ 43.41%。

（6）推行配方施肥，多施有机肥。根据芦笋的需肥要求，应使氮、磷、钾比例为 10∶7∶9，每年施加有机肥 5 000 kg/ 亩，且注意中耕除草、抗旱排涝。

（7）药剂防治。特别要强调在发病之前做好预防工作。但国内许多地方因用药偏迟（在发病后用药）而影响效果，在病害大流行年就更难控制。

（二）褐斑病

褐斑病也是芦笋的主要病害，严重时可以造成植株生长不良，降低产量。

1.病症

主要发生在苗期及定植不久的幼株的茎、分枝和拟叶上，引起母茎枯死，拟叶枯黄、脱落。初发病时，呈现多数紫褐色的小斑点，而后病斑逐渐扩大，中央变为灰色，边缘有紫褐色轮纹，同时病斑灰白部密生黑色分生孢子器，散出白粉状孢子。茎上多数病斑扩大相连，变为卵圆形大斑。

2.传播途径

病菌随病残组织在土壤中越冬，第二年春季分生孢子进行初次侵害，温度适宜时随风雨进行再次侵害。7～9月，在高温、高湿的条件下，分生孢子繁殖迅速，为发病高峰期。

3.防治方法

参照防治芦笋茎枯病的方法，相同的配方可以起到很好的防治效果。在防治茎枯病的同时褐斑病也得到很好的控制。

（三）根腐病

根腐病是由许多病原菌共同引起的病害，通常紫纹羽病也称为根腐病。

1.病症

根腐病是菌丝侵入肉质根内，造成根的软组织以及成根的软组织和中柱腐烂，仅留表皮。表面赤紫色，严重时被菌丝包被，形似紫色纹绒状，故亦称为紫纹羽病。发病后茎秆生长矮小，茎枝和拟叶变黄，以至全株枯死。（如图 5-14 所示）

图 5-14　田间根腐病为害的芦笋根、嫩茎与植株

2. 传染途径

根腐病病原菌在土壤中繁殖、蔓延,以菌丝层等附着植株根部传染。除紫纹羽菌外,菌核菌、镰刀菌等病原菌也都会引起根腐病的发生。此病发生较慢,蔓延需要一定时间,一般在一年内不会很快繁殖扩大,但芦笋是多年生作物,待采笋进入高峰时期,会使病情加重,造成芦笋死亡。该病繁殖温度为 8 ～ 35 ℃,最适温度为 27 ℃。该病以枯死植株的病原菌形成菌核越冬。病原菌一般分布在地面以下至 60 cm 处,芦笋根部 10 ～ 30 cm 处病原菌较多。

3. 防治方法

凡以前是林地、果园、桑园的土地,3 年内不宜种植芦笋,因为腐烂的树根往往成为根腐病病原菌的繁殖地。加强水肥管理,增施有机肥料,促使植株生长健壮,能显著增强抗病能力。发现病株应及时挖除,并用 20% 石灰水施入穴内或用施纳宁进行土壤消毒。做好笋田排水、防涝工作,以减轻病害的发生。药剂防治,可向病根部喷洒 80% 代森锰锌可湿性粉剂 800 倍稀释液,或 50 % 异菌脲可湿性粉剂 1 000 ～ 1 500 倍稀释液;兑水喷雾,视病情每隔 7 ～ 10 天喷 1 次。

(四) 立枯病

1. 病症

芦笋立枯病主要为害幼苗和幼株,以猝倒型和立枯型两种症状较

多。病菌多从表层土侵染幼苗的茎基部和根部，受害部分出现溃疡、缢缩，呈黑褐色。如幼苗刚出土，组织幼嫩，表现症状为猝倒；如幼苗组织已木质化则表现症状为立枯。潮湿时长白色菌丝体，发病严重时造成幼苗或幼株萎蔫死亡。

2. 病原菌

引起立枯病的病原菌主要有 3 种真菌，即镰刀菌、丝核菌和腐霉菌。这几类病原菌多存活于表层土 10 cm 左右深处，在一定条件下侵染幼苗，使之染病，并在死亡植株的组织上繁殖。

3. 发病规律

前茬作物是瓜、菜、棉苗等感病植物，土壤中病株残体较多，病原菌积累多，易使笋苗发病；笋地排水不良，雨季积水，土壤黏重，有利于病菌生长，也易使笋苗发病；施用未腐熟的有机肥，病害也容易流行，因为这种有机肥带有病株残体，苗木幼嫩，出土后遇雨季湿度大时，植株抗病力弱。

4. 防治方法

前茬作物是棉花、红麻、甜菜、马铃薯等易传染此病的土地不宜用作育苗地。播种前灌足底水，在幼苗出土后 20 天内不灌水或少灌水。发病初期，用 25% 吡唑醚菌酯乳剂（凯润）2 000 倍稀释液，或 80% 代森锰锌可湿性粉剂 800 倍稀释液，或 80% 乙蒜素乳剂 800 ～ 1 000 倍稀释液灌根，可起到灭菌保苗的作用。

（五）枯梢病

1. 病症

枯梢病在芦笋拟叶、分枝及茎秆上形成小斑点，在嫩茎上形成的病斑颜色较浅。在潮湿条件下，病斑表面长出黑色霉状物。发病时拟叶早落，嫩梢枯死，潮湿时枯死嫩梢呈黑褐色腐烂症状。

2. 病原菌

芦笋枯梢病由半知菌亚门葱叶枯匍柄霉菌侵染引起。其分生孢子梗暗色，单生或丛生，短小，偶有分枝，梗顶端膨大，顶生分生孢子。分生孢子均由多个细胞组成。在显微镜下可看到，分生孢子卵形至长圆形，大小为（13～56）μm×（7～29）μm，有横隔膜、竖隔膜3～4个。分隔处稍缢缩，中部隔膜的缢缩更明显。孢子橄榄褐色，表面有小瘤突。病菌除为害芦笋外，还可为害洋葱、大蒜、紫苜蓿和番茄等。

3. 发病规律

枯梢病病原菌在芦笋病残体上越冬，也可在洋葱、大蒜等寄主作物上越冬。开春气温回升后，产生分生孢子，通过风雨传播，侵入芦笋的嫩茎或茎秆、分枝及拟叶，并产生大量分生孢子进行再侵染。潮湿多雨及田间通风透光不良时有利于病害发生。各种不同的伤口有利于病菌的侵入。芦笋田内或邻近的地种植洋葱、大蒜等作物有利于病害的发生。

4. 防治方法

芦笋枯梢病主要采取化学药剂防治。早在1958年瑞士报道，使用代森锌、代森铝锌、百菌清和扑海因等防治效果良好。国内报道，使用25%吡唑醚菌酯乳剂（凯润）或代森锰锌防治效果较好。农业防治主要是搞好冬春季清园工作，注意田间通风透光，不在芦笋大田内或大田附近种植洋葱和大蒜。

（六）锈病

锈病是欧美各国芦笋栽培中的重要病害。美国于1924年首次报道此病，此后欧洲的德国、英国及法国等也有报道。我国芦笋栽培地区的大部分笋田已发生此病，所以要高度重视。据国外报道，该病在气候冷凉地区发病重。

1. 病症

芦笋锈病病菌侵染为害植株地上部的茎秆、分枝和拟叶。发病后出现黄色稍隆起的椭圆形疤状斑。疤状斑破裂后，散出橙黄色粉状物，即病原菌形成的夏孢子，这是此病害十分重要的症状特征。发病后期，病斑呈暗褐色，病斑内可形成冬孢子。茎秆、分枝或拟叶上的病斑小、分散，病斑数量多时，植株变黄，拟叶早落，严重时可引起病株黄枯。

2. 病原菌

锈病由担子菌亚门的芦笋锈病菌引起。在显微镜下可看到球形或近球形的夏孢子。夏孢子单细胞，壁厚，淡黄色，大小为（19～30）μm×（18～25）μm，壁表面有小刺，有 3～4 个发芽小孔。病株后期病斑上形成冬孢子。冬孢子双细胞，壁厚，栗褐色，大小为（30～50）μm×（19～25）μm，顶端钝圆，在分隔处稍绕缩，具柄，柄长是孢子长度的 2 倍。

锈病菌是一种严格寄生菌，除侵染芦笋外还能侵染洋葱。

3. 发病规律

据国外报道，锈病病菌在病残株的组织内越冬。翌年开春气温回升后形成夏孢子，通过风雨、混有病菌的病残体或种子以及带病残体的土壤、包装材料等传播。孢子萌芽的适应温度为 20～22 ℃。多雨、重雾、气温较低、田间通风透光不良等有利病害的发生和流行。白芦笋采笋期间即可发病，产生锈斑笋。

4. 防治方法

（1）无病区及新发展种植地区首先要防止病菌传入，加强引进种子的检疫，播种前种子用 55～65 ℃热水处理，或用双吉胜 300 倍稀释液浸泡 6 h。

（2）发现病株时即喷施纳宁 1 500 倍稀释液。此外，于早春芦笋萌发前用 45% 施纳宁 1 500 倍稀释液加上 80% 必得利 800 倍稀释液灌根。

（七）芦笋病毒病

芦笋病毒病最早报道于 1969 年，当时在意大利从芦笋植株中分离得到苜蓿花叶病毒，之后美国、德国等相继报道了芦笋病毒 1 号和芦笋病毒 2 号。1986 年日本报道分离得到芦笋病毒 3 号。该病毒属马铃薯 X 病毒组中的一个新病毒，病毒粒体呈线状，长 500 ～ 600 nm，可侵染茄科多种植物。

（八）芦笋潜隐病毒病

芦笋潜隐病毒，又称芦笋 C 型病毒或芦笋 2 号病毒，分布在世界各芦笋栽培地区，美国、英国、荷兰、芬兰、挪威、瑞典、丹麦、波兰、奥地利、瑞士、捷克、德国、西班牙、葡萄牙、意大利、希腊及日本等都有报道。

该病毒是一种很特殊的病毒，带病毒的芦笋种子长出的病株无明显的症状，但植株生长受到抑制。在实验室内人工接种时，有些病株的拟叶表现出轻度褪绿叶症，但不久后恢复正常。接种到鉴别寄主植物昆诺藜上，可出现褪绿或坏死斑；接种到普通烟叶片上可出现地下坏死环斑；接种到豇豆或菜豆上出现红色坏死局部斑点。在电子显微镜下观察，病毒粒体为拟等轴粒子，直径 26 ～ 36 nm。提纯的病毒的热钝化温度为 55 ～ 60 ℃。在 21 ～ 24 ℃下可保持侵染活力 2 天以上。病毒通过汁液和种子进行传播。在自然情况下只侵染芦笋，在实验条件下进行人工汁液接种测定，可侵染 116 种双子叶植物和 2 种单子叶植物。病株上的种子的带毒率高达 60%。

（九）芦笋矮缩病毒病

芦笋矮缩病毒又称为烟草条斑病毒，在美国、德国、丹麦、新西兰等均有分布，属于潜隐形病毒。

芦笋受侵染后不表现症状，在其他寄主上则可表现症状。如接种到千日红叶片上形成白色坏死环斑，新出嫩叶上表现为系统坏死症状；在鉴别寄主普通烟草上形成局部坏死斑或环斑。在电子显微镜下观察，病毒粒体为等轴粒子，直径 28 nm。病毒汁液稀释后存活时间长，热钝化温度为 53 ～ 64 ℃，通过汁液、介体昆虫或苜蓿蓟马、烟蓟马、菟丝子及种子传播，可侵染多种植物。

（十）扁茎病

扁茎病在芦笋栽培地区均有发生，病茎率为 0.1% ～ 0.2%。

1. 症状

嫩茎出土后从笋尖至基部均呈扁平状，节间变短，拟叶错位。长成植株后，上部扁茎现象更严重，顶部扁平呈带状，分枝及拟叶错位丛生。芦笋扁茎症状和芝麻扁茎病、南瓜扁茎病及大叶黄扬扁茎病的症状相似。

2. 病原体

有人认为芦笋扁茎病是生理病害，是因土壤过于黏重板结或嫩茎出土前生长受过挤压引起的。田间调查发现，病田的土质很好，一墩芦笋丛中只有一支嫩茎表现为扁茎症状。对该扁茎进行电子显微镜检查，未发现病毒的粒体，但从症状表现上看不像生理性病害，有可能是一种类细菌引起的病害，有待进一步研究证实。

3. 发病规律

在多年的实践中，从未发现在幼苗（2 ～ 4 个月的幼苗）中有扁茎症状出现，但在定植 1.5 年的幼龄笋田中发现过，在 3 ～ 6 年笋田中出现的概率较高。

4. 防治方法

目前尚无具体有效的防治方法。

（十一）细菌性腐烂病

细菌性腐烂病发生在嫩笋采收后的贮运期或销售过程中，国内外均有发生。嫩笋一旦发病，组织将腐烂，散发出恶臭气味，失去商品价值。

1. 症状

细菌性腐烂病多发生在嫩笋头部，多发生在采收后的存放、运输或销售过程中。发病初期嫩笋头部包片或嫩芽处出现水渍状小斑点，病斑很快扩大并使病斑处的组织腐烂，散发出恶臭气味。腐烂组织呈糨糊状，从笋头部向下扩展，严重时，整把嫩笋头部都腐烂。

2. 病原菌

主要由假单孢杆菌属细菌引起，具体为哪个种尚未鉴定。此外，欧氏杆菌属细菌也可引起腐烂症状。无论是假单孢杆菌，还是欧氏杆菌，都属于原核生物的细菌，它们是单细胞生物，无真正的细胞核，在适宜的环境条件下繁殖迅速。

3. 发病条件

嫩笋存放、运输和销售期间，若嫩笋表面水湿时间长，气温较高，表皮有伤口，则易发病腐烂。此外，低温冻害、采前害虫造成伤口或采收搬运过程造成伤口，也有利细菌的侵入。

4. 防治方法

（1）下雨时不要采笋，对绿芦笋还需在露水干后采笋较好，保持嫩笋不沾带泥土等杂物。

（2）采笋时防止对笋头造成伤口。

（3）采后不能及时加工及销售的嫩笋，应放在 $1 \sim 3$ ℃低温库中保存。

六、主要虫害的为害及防治

(一) 蝗虫

蝗虫属直翅目蝗科，在芦笋栽培地区均有发生。

1. 为害情况

为害芦笋的蝗虫以大青蝗为主。蝗虫取食芦笋拟叶、嫩枝及啃食茎枝皮层绿色组织，引起茎枝黄枯。在绿芦笋田，蝗虫啃食嫩笋，使嫩笋出现明显的凹陷斑及畸形生长而失去商品价值。

2. 形态特征

大青蝗体型大，雌成虫体长 62 ～ 81 mm，前翅长 50 ～ 62 mm；雄成虫体长 44.5 ～ 56 mm，前翅长 43 ～ 46 mm。体黄绿色。头大，短于前胸背板的长度。触角线状，额面隆起，宽平，微向后倾斜。复眼突出，长椭圆形，大而明亮。前胸背板屋脊形，中隆线高被 3 条明显的横沟平均割断。前后翅发达。3 对足，后足最发达。若虫期共 6 龄。6 龄若虫体长 45 ～ 48 mm（雌虫）、40 ～ 43 mm（雄虫），体绿色。

3. 生活习性

大青蝗在全国大多数区域均有分布，为害的作物种类很多，以棉花、甘蔗、大豆、青豆、豇豆、苎麻、水稻及柑橘等为主。芦笋作为寄主在广西绿芦笋田发生，为害期 6 ～ 9 月，成虫分布于笋田和周围草丛中。在长江和黄河流域一年发生一代。在广西南宁地区，雌成虫 10 月产卵于地表下 6 ～ 10 cm 的干燥土壤中，卵成块状，外表有一层胶质物。孵化出土的若虫，幼龄期有群集为害习性；成长若虫则分散为害。

4. 防治方法

用高效、低毒、无残留的农药，如 5% 甲氨基阿维菌素苯甲酸盐乳油 6 000 倍稀释液，或 10% 溴氰虫酰胺（倍内威）悬浮剂 2 000 倍稀释液，或 5% 氯虫苯甲酰胺（普尊）悬浮剂 1 500 倍稀释液等喷雾防治，每隔 7～10 天喷 1 次，共喷施 1～2 次。此外，采用人工捕杀方法的效果也很好。

（二）蚱蜢

蚱蜢又叫尖头蚱蜢或负蝗，属直翅目蝗科，分布广，为害的寄主多，在芦笋上的为害与蝗虫相似。

1. 形态特征

蚱蜢头部长且呈锥形。雄成虫体长 19～23 mm，雌成虫体长 28～35 mm，体色黄绿色或枯草色。头部长锥形，前端较尖，颜面向后侧斜与头顶形成锐角，触角至单眼的距离约等于触角第一节的长度，从复眼后下方沿前胸背板侧片的底线有粉红色纵条纹和一列淡黄瘤突颗粒。前胸腹板突小片状。前翅超出后足腿节末端的部分为翅长的 1/3，后翅基部红色，端部淡绿色。后足腿节细长，外侧下方有粉红色线条。

2. 生活习性

蚱蜢为害甘薯、棉花、甘蔗、茭白、蔬菜、果树、禾谷类作物、豆类作物。在笋田中的为害与蝗虫相似，但其发生时间较长。以卵块在荒地、田埂或沟边越冬。若虫、成虫喜欢在植株繁茂且潮湿处活动。

3. 防治方法

药剂防治与蝗虫相同。农业措施防治主要是冬季结合翻耕土地或积肥，将田埂、沟边的杂草带土铲起堆肥。

（三）棉蚜

棉蚜属同翅目蚜科，在芦笋栽培地区均有发生。

1. 为害情况

棉蚜集中在芦笋植株顶部为害，群集发生，被害植株顶部及分枝

的节间缩短，拟叶丛生并呈蓝绿色。

2. 形态特征

无翅雌蚜长 1.5 ～ 1.9 mm，触角 6 节，第三、第四节上无感觉圈；若蚜体长 0.5 ～ 1.4 mm，体色随季节及寄主不同而异。3 ～ 4 龄若蚜腹部背面有白色蜡圆斑。有翅蚜长 1.5 ～ 1.9 mm，翅透明，出现时间较短。棉蚜体色灰绿，体表被灰色蜡粉。

3. 生活习性

棉蚜在我国分布广，为害寄主达 100 多种，包括农作物、果树、蔬菜、花卉、中药材、林木及多种杂草，在长江流域及华南地区各省、自治区、直辖市每年繁殖达 20 ～ 30 代。可进行有性繁殖和无性孤雌胎生繁殖。冬季多以产卵在木本植物如木槿、花椒、石榴等的芽腋或树皮裂缝中越冬，也可产卵在草本植物的夏枯草、车前草等的根际处越冬。在华南冬暖地带，可以成蚜或若蚜在越冬寄主植物上生活，靠有翅蚜飞到适宜的寄主植物上进行繁殖为害。春夏季气温 17 ～ 24 ℃，相对湿度在 70% 以下最有利其为害。

4. 防治方法

在芦笋大田，当棉蚜发生量较大时，正值芦笋采收季节，若必须使用化学农药，可用 2.5% 乙基多杀菌素（艾绿士）悬浮剂 1 500 倍稀释液，或 10% 吡虫啉可湿性粉剂 2 000 倍稀释液，或 1.8% 阿维菌素乳油 3 000 ～ 6 000 倍稀释液等喷雾防治。每隔 7 ～ 10 天喷 1 次，共喷施 1 ～ 2 次。注意凡是蔬菜上禁用的杀虫剂同样不可在芦笋采笋期使用。还可诱杀或用银灰色薄膜驱避棉蚜。

（四）蓟马

蓟马属缨翅目蓟马科，我国各地芦笋栽培区都有发生。在江苏、安徽、山东春季采笋初期发生。芦笋上的蓟马主要是花蓟马和烟蓟马两种。各地的蓟马种类是否一样还有待进一步调查。

1. 为害情况

蓟马以锉吸式口器吸取寄主植物幼嫩组织的汁液。为害性比刺吸式口器的蚜虫更大，防治难度也更大，是各地芦笋栽培中值得重视的一种害虫。（如图 5-15 所示）。

图 5-15　田间芦笋蓟马为害

2. 形态特征

烟蓟马又名葱蓟马。成虫体长 1.0 ～ 1.3 mm，短线状，淡褐色，触角 7 节，第三、第四节有叉状感觉锥，第二节颜色较浓。前胸稍长于头，后角有 2 对长鬃。前翅前脉基鬃 7 根或 8 根，端鬃 4 ～ 6 根，后脉鬃 15 根或 16 根。

花蓟马又名台湾蓟马。成虫体长 1.3 mm，棕黄色。触角 8 节，第三、第四节有锥状感觉锥。单眼间长鬃长在三角线连线内。前胸前角有 1 对长鬃，后角有 2 对长鬃。前翅脉鬃连续，上脉鬃 19 ～ 22 根，下脉鬃 14 ～ 16 根，间插缨毛 7 ～ 8 根。

3. 生活习性

烟蓟马的寄主有棉花、烟草、葱、蒜、洋葱、韭菜、马铃薯、大

豆、芦笋及瓜类植物等。花蓟马的寄主有棉花、水稻、油菜、蚕豆、
苕子、苜蓿、看麦娘、芦笋及菊科植物等。蓟马在长江流域各地一年
发生 10 ～ 12 代。以成虫或若虫在芦笋根荫处或其他寄主植物上越冬。
开春后取食为害，成虫活泼善飞，但白天怕阳光。在绿芦笋田多为害
未出土或刚出土的嫩笋。受害严重的嫩笋出现生长不良、卷曲畸形、
僵硬、颜色变暗绿，品质变劣。白芦笋在土中受害后出现锈色条斑。
在芦笋田与葱蒜类蔬菜靠近或田边杂草多的情况下，蓟马发生严重。

4. 防治方法

主要采用化学农药防治。非采笋期间可用 2.5% 乙基多杀菌素（艾
绿士）悬浮剂 1 500 倍稀释液，或 10% 吡虫啉可湿性粉剂 2 000 倍稀释
液，或 1.8% 阿维菌素乳油 3 000 ～ 6 000 倍稀释液等喷雾防治。每隔
7 ～ 10 天喷 1 次，共喷施 1 ～ 2 次。注意芦笋采笋期不许用药。

（五）芦笋木蠹蛾

芦笋木蠹蛾属鳞翅目木蠹蛾科，发生在江苏、山东、山西等芦笋
栽培地区。

1. 为害情况

幼虫钻入植株茎秆为害，可将茎秆的髓部蛀食成空洞，并向地下
部根系蛀食。被害植株在被钻入后 15 天左右出现失水萎蔫症状，然后
逐渐黄枯，被蛀食的根系只留呈空管状的皮层，受害重的植株地下根
盘死亡，导致植株部分死亡或整株死亡，对产量影响较大。

2. 形态特征

属鳞翅目木蠹蛾科。成虫体长 25 ～ 35 mm，翅展 30 ～ 45 mm。
体浅黄色，全体布满绒毛。触角栉齿状，56 ～ 63 节。老熟幼虫体长
20 ～ 30 mm，黄白色，扁圆筒形，体型粗壮，头黑褐色，上颌发达，
能咬食坚硬的木质物。后胸背板光滑坚硬，颜色同体色。

3. 生活习性

在山东一年发生一代。以老熟幼虫在土中越冬。翌年4月下旬至5月下旬为蛹期。5月底至6月上旬，地温上升至22℃左右时为羽化成虫盛期。成虫具趋光性和趋化性。成虫交配后产卵于芦笋根茎附近1～2 cm深的土中，6月下旬虫卵陆续孵化，初孵幼虫先蛀食茎髓，后蛀食根部。在同一被害植株内可同时有3～5条幼虫，至11月气温下降后，老熟幼虫停止为害，钻入35 cm的深层土中做土室越冬。翌年开春气温回升，从下层土室中钻出并向上移动到芦笋根部附近，但不取食。4月中旬陆续钻到离地面4～5 cm处吐丝连缀土粒做长圆筒形、上粗下细、内壁表面光滑的土茧化蛹。

4. 防治方法

可根据老熟幼虫在靠近地表处做土茧化蛹的特征，4月中旬至5月上旬结合采笋挖土灭蛹；蛹羽化盛期利用成虫的趋光性及趋化性，用诱蛾灭虫黑光灯诱杀或糖醋液诱杀；或拔除被害植株，杀灭幼虫。

（六）灯蛾

属鳞翅目灯蛾科，是一种杂食性害虫，包括多种灯蛾，其幼虫又叫毛虫、毛毛虫。

1. 为害情况

以幼虫取食芦笋茎枝的绿色皮层及拟叶，被害后形成不规则的斑纹，上部茎枝及拟叶枯黄，或拟叶整个被吃掉。有时也为害嫩笋顶部的鳞片及嫩头。

2. 形态特征

以人纹污灯蛾为例。雄成虫体长17～20 mm，翅展55～58 mm；雌蛾略大。3对足末端黑色，前足腿节红色。腹部背面深红色至红色，其他部分为黄白色。腹部各节中央有一黑斑，两侧各有2块黑斑。前翅白色至黄白色，基部红色，自后缘中央向顶角斜生2～5个小黑点，

静止时两翅上的黑点合成"Λ"形，后翅稍带红色，缘毛白色。成长幼虫体长 46 ～ 55 mm。头黑色，体黄褐色，密生棕褐色长毛，背线棕黄色，亚背线暗褐色或暗绿色，胸腹部各节具 10 ～ 16 个毛瘤，胸足、腹足黑色。红缘灯蛾钩虫黑色或赭褐色，侧毛簇红褐色，侧面具 1 列红点，背面、亚背面及气门下线处具 1 列黑点。黄腹灯蛾的幼虫头部黑色，体暗褐色，刚毛暗灰色，气门白色。

3. 生活习性

人纹污灯蛾在长江、淮河地区一年发生 2 ～ 3 代。成虫趋光性强。幼虫除为害芦笋外，还为害豆类、玉米、棉花、芝麻及十字花科蔬菜和多种花卉。

（七）尺蠖

尺蠖又名弓弓虫或造桥虫，属鳞翅目尺蛾科，种类很多，为害林木、果树、药材、花卉、芦笋等。在江苏、山东、广西等地芦笋大田均有发生，但不严重。

1. 为害情况

幼虫为害芦笋地上部的茎秆、分枝，取食皮层组织及拟叶。受害严重的植株上部黄枯或被食呈现秃枝。

2. 形态特征

为害芦笋的尺蠖属于具体哪个种尚未鉴定。老熟幼虫体长 40 ～ 50 mm，体暗灰色，细长。头顶中央凹陷，两侧有角状突起。胸足 3 对，腹足 2 对，分布在腹部末端。

3. 生活习性

尚不清楚。

4. 防治方法

目前主要采取化学药剂和人工捕杀相结合的防治方法。幼龄期用

5% 甲氨基阿维菌素苯甲酸盐乳油 6 000 倍稀释液，或 10% 溴氰虫酰胺（倍内威）悬浮剂 2 000 倍稀释液，或 5% 氯虫苯甲酰胺（普尊）悬浮剂 1 500 倍稀释液等喷雾防治，每隔 7 ～ 10 天喷 1 次，共喷施 1 ～ 2 次。成长幼虫或老熟幼虫可采用人工捕杀办法防治。

（八）椿象

椿象对芦笋的为害在国内各芦笋种植地区均有发生。为害程度及椿象种类各地不同，如在广西南宁绿芦笋生产基地，缘椿为优势为害种群。椿象是一种能为害多种作物的害虫，如水稻、麦类、玉米、高粱、大豆、芝麻、花生及烟草等。

1. 为害情况

缘椿以刺吸式口器吸取芦笋嫩茎、幼嫩枝梢的汁液，使嫩笋不能正常生长，呈畸形笋或散头笋。受害严重的嫩笋变僵硬，生长缓慢，呈深绿色，嫩梢受害后卷曲，节间缩短，直至枯死。

2. 形态特征

缘椿属半翅目缘蝽科。成虫体长 12 ～ 16 mm，体青绿色或黄绿色。触角 5 节，前胸背板边缘黄白色，小盾片基部具 3 个横列的小白点，腹部密生黄色斑点。5 龄若虫体长 7.5 ～ 12.0 mm，以绿色为主，触角 4 节，先端黑色，前胸与翅芽上具黑色斑点，外缘橙红色，腹部边缘具半圆形红斑，中央亦有红斑。足赤褐色，跳节黑色。

3. 生活习性

在冬季寒冷地区以成虫在杂草丛或林木茂密处越冬。在芦笋上的为害时期在 4 ～ 10 月，高峰期在 6 ～ 7 月。在芦笋与玉米间种地块，多集中在玉米植株上为害。在淮河以北一年发生 1 代，在长江流域可发生 2 代，在广西南部地区发生 4 ～ 5 代。成虫产卵于寄主植株上，卵块排成 2 ～ 6 行。成虫、若虫均具假死习性，稍受触动或惊扰即落地不动。

4. 防治方法

目前主要采取化学药剂防治，可喷 5% 甲氨基阿维菌素苯甲酸盐乳油 6 000 倍稀释液，或 10% 溴氰虫酰胺（倍内威）悬浮剂 2 000 倍稀释液，或 5% 氯虫苯甲酰胺（普尊）悬浮剂 1 500 倍稀释液等喷雾防治，每隔 7～10 天喷 1 次，共喷施 1～2 次。为减少农药对芦笋的污染，一是采笋田不喷农药或喷后 7 天后再采笋；二是在芦笋地中间及四周种几行玉米，诱集害虫到玉米植株上，再对玉米植株进行喷药防治。

（九）夜盗蛾

夜盗蛾是多种夜蛾科害虫的总称，属鳞翅目夜蛾科。全国各地均有发生，为害较重。芦笋上的夜盗蛾包括甜菜夜盗蛾、斜纹夜盗蛾、银纹夜盗蛾及甘蓝夜盗蛾等，各地的优势种不同。

1. 为害情况

夜盗蛾是一类杂食性害虫，除为害芦笋外，还为害十字花科、葫芦科、豆科、茄科等几十种蔬菜及各种农作物、经济作物和林木、花卉及中药材等。幼虫取食芦笋地上部茎秆、分枝的皮层及拟叶，也为害芦笋的嫩笋。嫩笋被害后失去商品价值，经济损失较大。老龄幼虫食量大，啃食茎秆及分枝皮层，导致植株早衰及黄枯。（如图 5-16 所示）

图 5-16　为害笋田的甜菜夜蛾

2. 形态特征

以甜菜夜蛾为例。成虫翅展 19 ~ 29 mm，灰褐色。前翅具肾形斑和环形斑，灰黄色，边缘黑色，中心橙褐色。内横线和外横线均为褐色或黑白二色的双线，中校线带暗褐色，外缘线由 1 列黑点组成。后翅银白色，半透明，略有红黄色闪光，外缘灰褐色。老熟幼虫体长 22 ~ 30 mm，体色多变，有绿色、暗绿色、黄褐至黑褐色。亚背线至气门下线之间灰色至黑间灰色至黑色，具白点或暗红点，气门下线为青色或浅黄色纵带，气门后上方各具近圆形的白斑。

3. 生活习性

在江淮及黄河故道地区一年发生 4 ~ 5 代。以蛹在表土层内或土壤中越冬。成虫昼伏夜出，对黑光灯和糖醋液有强烈的趋向性。成虫产卵于分枝或拟叶上，卵块上覆盖绒毛。初孵幼虫群集为害，食量不大，3 龄后取食量增大并分散为害。白天多下地潜伏在土中，夜晚出土为害。嫩茎受害重，一头成长幼虫或老熟幼虫一夜可为害几根嫩笋。幼虫老熟后入土室化蛹。

4. 防治方法

防治重点在第三至第四代，即 7 ~ 8 月，幼龄幼虫期是防治的有利时机。

可用 5% 甲氨基阿维菌素苯甲酸盐乳油 6 000 倍稀释液，或 10% 溴氰虫酰胺（倍内威）悬浮剂 2 000 倍稀释液，或 5% 氯虫苯甲酰胺（普尊）悬浮剂 1 500 倍稀释液等喷雾防治，每隔 7 ~ 10 天喷 1 次，共喷施 1 ~ 2 次。成虫主要用黑光灯或糖醋酒液诱杀，对老龄幼虫可进行人工捕杀。

（十）黏虫

黏虫属鳞翅目夜娥科，在广西南宁的绿芦笋田上曾大规模发生，其他芦笋栽培地区也有发生。

节水省肥
绿色高效生产技术

1. 为害情况

黏虫是一种杂食性害虫，以为害禾谷类作物为主，也可为害其他作物，在芦笋地主要取食拟叶、茎枝皮层及嫩笋。

2. 形态特征

成虫体长 17 ～ 20 mm，翅展 35 ～ 45 mm。体、翅淡灰褐色。前翅中央近前缘处具 2 个淡黄色圆斑，外圆斑下方具 1 个小白点，小白点两侧各具 1 个小黑点。从翅顶角斜向后缘具 1 条黑色斜纹。成长幼虫体长 38 mm，体色多变，由灰绿色至黑褐色，大发生时可呈浓黑色。头部黄褐色，正面沿蜕裂线有棕色八字纹。体背具 5 条纵线，背中线白色较细，亚背线红褐色，上下镶灰白色细线，气门线黄色。

3. 生活习性

黏虫在华南地区一年发生 6 ～ 7 代，往北代数减少，在东北及华北地区只有 2 ～ 3 代。黏虫属迁飞性害虫，越冬分界线在北纬 33° 一带。在广东、福建南部可终年繁殖。我国北纬 33° 以北地区每年第一代都是从南方迁飞来的。成虫白天躲藏在草丛或其他隐蔽场所，夜晚活动，具强烈趋糖醋酒性，并趋向在枯黄叶片或草丛产卵。温度 10 ～ 25 ℃、湿度 85% 以上适合生长繁殖，温度高于 35 ℃时不产卵，湿度低时对初孵幼虫的生存不利。

4. 防治方法

农业防治可在田间堆插草把，每 5 ～ 7 天更换一次，并将草把烧毁。化学防治则主要掌握在幼虫 1 ～ 3 龄期喷药，可用 5% 甲氨基阿维菌素苯甲酸盐乳油 6 000 倍稀释液，或 10% 溴氰虫酰胺（倍内威）悬浮剂 2 000 倍稀释液，或 5% 氯虫苯甲酰胺（普尊）悬浮剂 1 500 倍稀释液等喷雾防治，每隔 7 ～ 10 天喷 1 次，共喷施 1 ～ 2 次。还可利用糖醋液诱杀成虫。保护黏虫天敌，也是一种行之有效的防治措施。鸟类、青蛙、步行虫及多种寄生蜂、寄生蝇等都是黏虫的天敌。

（十一）负泥虫

芦笋负泥虫属鞘翅目负泥虫科，在我国分布广泛，北起黑龙江，南至福建、广西，在国外，俄罗斯、朝鲜及日本均有分布。

1. 为害情况

幼虫及成虫取食芦笋幼苗、拟叶及嫩茎，严重为害时可将地上部植株吃成光秆，导致植株干枯死亡。被害嫩笋失去商品价值。

2. 形态特征

成虫体长6 mm，宽2 mm，棕黄色至褐红色并带有黑斑，触角黑色、粗短。头顶中央具一黑色斑。前胸背板部具4个黑点排成一列。小盾片黑色。每片明翅上各具7个黑色斑点，基部3个，中部及端部各2个，斑的颜色变异较大，有时色淡或完全消失。鞘翅明显宽于胸部各节，翅上的刻点排列整齐。基部的刻点较明显和较大。老熟幼虫体长9～10 mm，头黑色，虫体橘黄色，胸足黑色，前胸背板上具2块黑斑，胴部肥大，背部隆起，皱褶多。

3. 生活习性

在北京地区一年发生4代，世代重叠，第四代成虫在土缝中越冬，翌年4月中旬出土活动，为害幼苗的拟叶、茎秆，啃食植株绿色皮层。成虫有假死性，稍受触动干扰即落地不动。成虫可多次交尾，卵产在两拟叶之间，并用分泌的液体将卵固定在拟叶上。卵散产，多数1～2粒在一处，少数5粒在一起，但排列不整齐。幼虫孵化后即取食，几头聚集在一起；3龄后分散取食，取食量大增，并可为害整株。老熟幼虫从植株上转入土中，吐白丝结成土茧，1～3天后在2～3 cm土层中化蛹。成虫羽化后出土为害，约经10天即可交尾产卵，卵期4～7天，幼虫期11～15天。

4. 防治方法

在田间及室内观察，发现该害虫结茧化蛹期易被一种叫弯尾姬蜂

的寄生蜂寄生，因此，保护、繁育弯尾姬蜂是生物防治的一个途径。也可利用成虫的假死性用捕虫网捕杀。

（十二）蓑蛾

蓑蛾属鳞翅目蓑蛾科，分大蓑蛾和小蓑蛾两种。在芦笋上为害的为小蓑蛾。蓑蛾是一种杂食性害虫，主要为害阔叶性林木及果树，在芦笋上局部发生。

1. 为害情况

幼虫取食芦笋茎枝绿色皮层及拟叶，被害笋株上挂有许多蓑蛾幼虫的护囊，被害严重的株丛上挂有几十个护囊，株丛上部黄枯和秃枝。

2. 形态特征

雄虫体长 11～15 mm，翅展 22～30 mm，体翅暗褐色。胸腹部被鳞毛，前翅翅脉两侧色较深，外缘中前方有 2 个近长方形的透明斑。雌成虫无翅，足退化，蛆状，乳白色，体色透明，头小，腹部肥大。成长幼虫体长 16～28 mm，虫体肥壮，头黄褐色，两侧具暗褐色斑纹，胸部背板灰黄白色，背侧具 2 条褐色纵纹。腹部黄色，各节背面具 4 个黑色小突起，排成"八"字形。护囊纺锤形，枯褐色，丝质外缀长短不一的小枝段，呈纵向排列，悬挂在芦笋茎枝上。

3. 生活习性

在长江流域每年发生 1～2 代，以 3～4 龄幼虫在护囊内越冬，春季气温回升到 10 ℃左右时，幼虫开始活动取食。老熟幼虫在护囊内化蛹，雌蛾羽化后因无翅而留在护囊内，仅头脑露出护囊。雄蛾交尾后不久便死亡，雌蛾在护囊内产卵，初孵幼虫从护囊中出来后在附近取食。

4. 防治方法

及时摘除护囊和保护天敌。化学防治方面应在幼虫初孵期及时喷药，可选用 5% 甲氨基阿维菌素苯甲酸盐乳油 6 000 倍稀释液，或 10% 溴氰虫酰胺（倍内威）悬浮剂 2 000 倍稀释液，或 5% 氯虫苯甲酰胺（普尊）悬浮剂 1 500 倍稀释液等喷雾防治，每隔 7～10 天喷 1 次，共喷施 1～2 次。

（十三）种蝇

种蝇又名地蛆、根蛆、菜蛆或笋蛆，属双翅目花蝇科，是一种杂食性和发生很普遍的害虫，各芦笋栽培地区均有发生。

1. 为害情况

种蝇以幼虫在土壤中为害，蛀食芦笋嫩茎、贮藏根及根盘。为害时多从嫩笋中上部蛀入后向下蛀食，使被害嫩笋失去商业价值。贮藏根或根盘被蛀食后，影响植株生长及嫩笋的产量。

2. 形态特征

成虫体长 4～6 mm，灰黄色，雄虫两只复眼在单眼三角区前方几乎相连接。触角芒长度超过触角本身的长度。前翅基背毛短小，不及盾间沟后的背中毛长的 1/2，后足胫节的内下方有稠密的末端稍弯曲而等长的短毛。雌虫复眼间的距离约为头宽的 1/3。中足胫节外上方具 1 根刚毛。老熟幼虫体长 8～10 mm，乳白色略带黄色，头部窄小，体圆筒形，腹部末端具 7 对不分叉的肉质突起。

3. 生活习性

种蝇在我国各芦笋栽培地区均有分布，除为害芦笋外，还为害多种蔬菜及棉花等作物。幼虫在地下蛀食，成虫不为害。产卵时取食花蜜和蜜露，对腐烂的有机物有强烈的趋性，因此，芦笋播种育苗，苗床苗地或大田若使用未腐熟的有机肥，特别是未腐熟的饼粕、粪肥时，可诱引大批成虫前来产卵。其卵多产在较潮湿的有机肥附近的缝下，幼虫孵化出来后即可进行为害。幼虫经过 3 次蜕皮后钻入土中化蛹，15～25 ℃适其生长和进行为害，当气温或土温超过 35℃时，幼虫不

能成活，蛹亦不能羽化。

4. 防治方法

搞好田间卫生，清除有机物残体，集中堆制发酵；施用腐熟后的有机肥，并尽可能开沟深施；使用5%甲氨基阿维菌素苯甲酸盐乳油6 000倍稀释液，或10%溴氰虫酰胺（倍内威）悬浮剂2 000倍稀释液，或5%氯虫苯甲酰胺（普尊）悬浮剂1 500倍稀释液等喷雾防治，每隔7～10天喷1次，共喷施1～2次。

（十四）蛴螬

蛴螬是金龟子在土中生长的幼虫的统称。金龟子属鞘翅目金龟总科。为害芦笋的金龟子种类很多，各地区的优势种群不同。天津地区以大黑鳃金龟子为主；有的地区以暗黑鳃金龟子为主；此外，还有铜绿金龟子及黄褐金龟子等。

1. 为害情况

蛴螬是一种杂食性地下害虫。每种蛴螬可为害多种作物，芦笋只是其中作物之一。它咬食芦笋的嫩茎及根系，不仅影响产量和品质，而且有利于病菌侵染伤口而导致病害发生，引起根部腐烂病。

2. 形态特征

成虫的形态有差异，但幼虫蛴螬的形态差异不太明显。以暗黑金龟子的幼虫为例，老熟幼虫体长35～45 mm，头部赤褐色，胴部（胸、腹）乳白色，臀节腹面具钩状刚毛，呈三角形分布，肛门孔三裂。蛴螬的整个虫体呈"G"形。成虫体长17～22 mm，虫体呈长椭圆形，黑褐色，表面被一层黑色或黄褐色绒毛和蓝灰色的闪光粉。鞘翅两侧缘几乎平行。腹部腹板具青蓝色的绒丝色泽。前足胫节外侧具3齿。其他种类的金龟子成虫多为黑色、黑褐色、深褐色或栗褐色，少数为黄褐色、棕红色或铜绿色。多数体表及鞘翅有金属光泽。

3. 生活习性

金龟子多数为 1 年发生 1 代，有的种为 2 年发生 1 代，极少数种为 3 年发生 1 代。多以老熟幼虫（蛆状）在土内越冬。1 年发生 1 代的越冬老熟幼虫不为害植物。翌年 4 ～ 5 月开春后化蛹，成虫具假死性和群集性，白天躲藏不活动，晚上 8 ～ 9 点为活动盛期，取食叶片。7 月下旬为幼虫盛孵期，初孵幼虫即可为害。一般干旱少雨年份有利其发生，卵孵化期或幼虫生长为害期如遇田间积水或土壤潮湿，不利其生存。

4. 防治方法

成虫发生盛期时可进行灯光诱杀，或用 1% 联苯·噻虫胺颗粒剂每亩土壤撒施 3 ～ 4 kg 防治。此外，7 ～ 8 月芦笋田土壤保持湿润或短期淹水，可有效杀死虫卵及幼虫。

（十五）蝼蛄

蝼蛄，俗称土狗子，属直翅目蝼蛄科。蝼蛄在国内各芦笋栽培地区均有分布，其中东方蝼蛄分布于全国，但以黄河、淮河、海河地区发生尤重；华北蝼蛄主要分布在我国北纬 32° 以北地区；台湾蝼蛄局限于台湾、福建、广东及广西。

1. 为害情况

蝼蛄是一种杂食性害虫，除为害芦笋外，还为害禾谷类、豆类、棉花、烟草、甘蔗、果树、林木及蔬菜等多种作物。在笋区以若虫及成虫取食幼苗、地下肉质根、鳞芽及嫩茎等为主要危害。除直接取食为害外，还因其在地下开掘隧道使芦笋幼苗的根系与土壤分离，造成根系不能吸收水分和养分而枯死。

2. 形态特征

以东方蝼蛄为例，雄成虫体长 30 ～ 32 mm，雌成虫体长 31 ～ 35 mm，

比华北蝼蛄的体型稍小，但比台湾蝼蛄大。背内侧具刺 3 ～ 4 个。腹部纺锤形，末端具尾须一对。若虫形态与成虫相似，只是体型较成虫小，翅芽伸达腹部第三至第四节间。

3. 生活习性

东方蝼蛄在江苏北部地区 2 年完成 1 代，华北蝼蛄需 3 年完成 1 代，台湾蝼蛄 1 年完成 1 代。以若虫和成虫在土中越冬，翌年 5 ～ 9 月间成虫交尾产卵，6 ～ 7 月为产卵盛期。卵产在土中的卵囊中，孵化后的若虫在土中活动为害，整个若虫期需蜕皮 8 ～ 9 次，华北蝼蛄需蜕皮 12 ～ 13 次。成虫具趋光性和趋粪性，白天潜伏在土中隧道或洞穴中，夜晚外出活动取食。

4. 防治方法

用灯光诱杀成虫，或用 1% 联苯·噻虫胺颗粒剂每亩土壤撒施 3 ～ 4 kg。此外，有的地方建议用马粪诱杀，即在芦笋田每隔一定距离挖长、宽、深各 30 ～ 40 cm 的坑，放入腐熟的马粪，上铺青草可诱集成虫、若虫到粪坑内，每天清晨人工捕杀，效果很好。

（十六）地老虎

地老虎又叫土蚕或切根虫，是对鳞翅目夜蛾科中一部分害虫的幼虫的统称。它为害多种作物和蔬菜、花卉及林木，包括小地老虎、大地老虎及黄地老虎等。

1. 为害情况

地老虎除啃食芦笋幼苗外，还取食嫩茎，对软化栽培的白芦笋或露地生长的绿芦笋均可为害。被害嫩笋直径小的可被咬断，直径大的被啃食成凹陷刻点。

2. 形态特征

小地老虎成虫体长 16 ～ 23 mm，翅展 43 ～ 54 mm。前翅前端及外横线至中横线部分呈黑褐色。内外横线具明显的肾状纹、环状纹及棒状纹，各纹均围以黑边。在肾状纹外侧具一明显的三角形黑斑，尖端向外。另具2个较小的三角形黑斑，其尖端向内，即3个黑斑的尖端相对。成长幼虫体长 37 ～ 47 mm，头黄褐色，体黄褐至暗褐色。体背面有淡色纵带，体表粗糙，布满圆形黑色小粒点。腹部 1 ～ 8 节背面各具 2 对毛片，呈梯形排列，后方的 2 个较前方的 2 个大 1 倍左右。臀板黄褐色，具 2 条黑褐色纵带。大地老虎成虫体长 20 ～ 30 mm，翅展 42 ～ 62 mm，暗褐色。前翅暗褐色，前缘从基部至 2/3 处黑褐色，各横线为双条曲线。肾状纹及环状纹明显，具黑褐色边。肾状纹外侧为一不规则黑斑。成长幼虫体长 41 ～ 61 mm，黄褐色，表皮皱纹明显，颗粒不明显。腹部各节背面具 4 个毛片，前排 2 个较小。臀板深褐色，密布龟裂皱纹。

黄地老虎成虫体长 14 ～ 19 mm，翅展 32 ～ 34 mm，黄褐色。前翅各横线不明显，但肾状纹、环状纹及棒状纹明显。成长幼虫体长 33 ～ 34 mm，具黄褐色光泽。体表多皱纹，颗粒不显著。腹部各节背面具 4 个毛片，大小相似。臀板由中央黄色纵条划分为 2 块黄褐色大斑。

3. 生活习性

小地老虎在国内各芦笋栽培区均有发生，在长江流域及东南各省为害较重。大地老虎主要发生在长江中下游地区和南方各省区的笋区，与小地老虎混合发生。黄地老虎主要发生在华北及西北地区的笋区。3 种地老虎均为杂食性害虫，可为害 60 种以上的作物幼苗及嫩茎。老熟幼虫还可钻入地下咬食芦笋根系及未出土嫩茎，1 ～ 2 龄幼虫多集中在嫩笋头部取食；3 龄以后的幼虫白天躲藏在土内，夜晚出外为害；4 ～ 6 龄幼虫每次取食数根嫩笋，有的可钻入嫩笋内取食。老熟幼虫钻入土表 5 ～ 10 cm 处筑土室化蛹。在南方各省区每年繁殖 6 ～ 7 代，在长江流域 4 ～ 5 代。成虫白天不活动，夜晚活动，具强趋光性。

18 ～ 26 ℃适宜发生，田间杂草多，管理粗放有利地老虎的发生及为害。大地老虎一年发生 1 代。黄地老虎在江淮地区一年发生 3 ～ 4 代。

4. 防治方法

清除田间地边杂草及用新鲜蔬菜叶片诱杀幼虫；用黑光灯诱杀成虫；用 1% 联苯·噻虫胺颗粒剂每亩土壤撒施 3 ～ 4 kg 防治。

（十七）金针虫

金针虫为鞘翅目叩甲科害虫，包括细胞金针虫及沟金针虫等，在全国各芦笋栽培地区均有发生。

1. 为害情况

幼虫在地下取食芦笋苗或成株的根系及鳞芽、嫩笋，也可钻进地上茎秆内蛀食。嫩笋被为害后，失去商品价值，幼苗根系被为害后生长不良。

2. 形态特征

以沟金针虫为例。成虫体长 14 ～ 18 mm，体细长，深褐色，体表及鞘翅上密生金黄色细绒毛，头部扁，头顶具三角形洼凹，密生明显的刻点。前胸发达，宽大于长，背面呈半球形突起。背板密生小刻点，中间具细小纵构。鞘翅上纵沟不明显，后翅退化。成长幼虫体长 20 ～ 30 mm，体金黄色，生有同色细绒毛，各体节的宽大于长，从头至第九节渐宽。口器暗褐色，腹背中央具 1 条细纵沟，尾节背部具近圆形凹陷，两侧有 3 对锯齿状突起，尾端分叉，各叉侧有 1 个小凿。

3. 生活习性

沟金针虫在华北地区 2 ～ 3 年 1 代。细胞金针虫完成 1 个世代所需时间为 1 ～ 3 年，各地不一。主要以幼虫在土中生活及为害。成虫羽化后不久即交尾，产卵于表土下 3 ～ 7 cm 处。幼虫在土中分布随土温高低而上升或下沉。土壤湿润、食料丰富，有利于害虫的发生。芦笋大田因不翻耕而有利于害虫的发生和繁殖。

4. 防治方法

芦笋育苗时，播后用 1% 联苯·噻虫胺颗粒剂每亩土壤撒施 3 ～ 4 kg 防治，但在采笋期不能使用。

（十八）害螨

害螨不是昆虫，分类学上它属于节肢动物门蛛形纲蜱螨目。害螨由鄂体和躯体两部分组成。螨的体型很微小，肉眼难于看见，必须用放大镜放大 10 ～ 50 倍后才能看清楚。为害芦笋的害螨主要是茶黄螨和红蜘蛛，以茶黄螨为主。

1. 为害情况

螨以口器刺吸芦笋茎、枝、拟叶的汁液及叶绿体，被害处出现白色小斑点。螨害为害重时，拟叶及分枝褪绿变黄，拟叶早落，植株早衰直至干枯。

2. 形态特征

成螨体长约 0.14 mm，宽约 0.06 mm，体呈长圆锥形，体黄色至橙红色，体背面具许多环纹，末端具 1 对长刚毛。

3. 生活习性

茶黄螨在长江流域一年繁殖 20 代左右。对芦笋的为害 1 年有 2 个高峰期，第一个高峰期出现在 5 月中下旬至 6 月，第二个在 7 月下旬至 8 月下旬。卵产于拟叶上，高温干旱时蛹害发生严重。

4. 防治方法

目前主要采用化学药剂防治，用 1% 联苯·噻虫胺颗粒剂每亩土壤撒施 3 ～ 4 kg 防治。

（十九）蜗牛

蜗牛不属于昆虫，属软体动物门腹足纲柄眼目蜗牛科的有害动物，在各芦笋栽培地区均有发生，但为害轻。

1. 为害情况

蜗牛是一种杂食性的有害动物，主要为害棉花和蔬菜，此外，豆类、麦类、玉米及食用菌等均可受害。为害时，用其舌面上的尖锐小齿舐食。芦笋的嫩笋及幼嫩组织均可受害，被取食部位出现凹陷斑纹，降低或失去其商品价值。

2. 形态特征

蜗牛的贝壳中等大小，壳质硬，壳面呈黄褐色，整个贝壳由顶尖往下可分 5～6 个螺层。壳口大，圆形，蜗牛体平时藏于贝壳内，为害时躯体伸出贝壳外，可见到头部有一对棒状触角。

3. 生活习性

蜗牛一年发生 1 代，其寿命一般不超过两年，以成贝或幼贝在绿肥田或蔬菜根部及草堆中越冬，也可在石块下或土缝中越冬。蜗牛属雌雄同体动物，异体交配后产卵。卵多产在作物根部较疏松和湿润的表层 1～3 cm 的土中，30～40 粒互相粘在一起。蜗牛喜欢生活在阴暗潮湿及杂草多的环境中，一般在早晚活动取食，芦笋地荫蔽环境适合其生活。

4. 防治方法

以人工捕杀为主。清晨到芦笋地检查，发现蜗牛即可捕杀。化学防治可用 70～100 倍稀释液的氨水，或 8% 灭蜗灵颗粒剂拌细土撒于芦笋周围毒杀。

第四节　周年生产栽培技术

周年生产栽培技术就是利用大棚与露地相结合，如全是大棚栽培的，则根据芦笋长势、市场供应、价格波动等情况，错时留养母茎来调节芦笋采收期，达到周年生产的一项技术。

一、塑料大棚栽培

棚栽芦笋一方面可使春笋采收期从 4 月初提早到 1 ～ 3 月，且品质优良，又正值淡季，价格比露地芦笋高一倍左右，而且使春母茎留养提早，夏笋采收相应提早；另一方面还可延长秋季芦笋的生长，延长采收期，增加产量。

二、分地、分片采用多层覆膜技术促早熟

合理地采用大棚多层覆盖，即大棚双膜套中棚再加小拱棚和盖地膜保温，以利冬春笋提早抽生。这种方式以三年生以上高产笋田为好，从秋季清园开始，高标准、高质量管好秋发母茎，培养强健母株，制造、贮积足够养分于肉质根中，提高早春笋的产量。

三、叶面肥与地下滴灌施肥配套实施一次留养母茎

试验表明，间隔 10 ～ 15 天喷一次高质量的氨基酸型叶面肥，再配套地下滴灌施入高效浓缩肥，培育优质健康的母茎，可保持夏秋笋母茎的绿色（减少一茬秋母茎的留养），而且还能源源不断地生发嫩绿的新枝叶，持续光合效能，不仅可持续产笋不减产，而且还可在本需留养秋母茎的一个多月时间内继续产笋，延长产笋期，增加产量。

四、错时留养母茎

棚栽芦笋春母茎提前于 4 月上旬留养。当母茎留养处在中午高温时，拉开棚两端薄膜，进行通风，降低温度。遇上低温时，密闭棚膜

保温。母茎放叶后，气温较高，可掀起两侧棚膜加强通风，对田间进行科学管理。夏母茎可因长势、气候、市场情况等适时提前或延后留养时间，同时视母茎生长情况，科学调节肥水，实现错时产笋、错时上市。

五、大棚覆膜及避雨栽培

采用全年覆膜、周年避雨栽培技术。笋农习惯于打霜后即 1 月封棚膜。为了充分发挥大棚栽培的潜在效益，应适当提早覆膜。在 12 月中下旬植株稍黄未枯时，进行彻底的清园和土壤消毒，于 12 月下旬封膜。提早覆膜可促进芦笋冬季早出笋，以供应春节市场，提高效益。

湿度管理。盖膜前施足肥水，如遇连晴久旱，则要在傍晚沟灌跑马水，切不可漫灌，以免棚内湿度过高引发芦笋病害。在以后的采收期，也应注意补水，最好使用滴灌技术。

三棚四膜覆盖保温。采用大棚双膜套中棚和小拱棚，还有地膜覆盖，可起到较好的保温效果。如遇到气温低于 3 ℃时，须在棚两侧（或小拱棚上）加盖草扇防冻保温。

通风降温。12 月下旬盖膜，还会遇到个别暖和天气，如中午棚温达 35 ℃以上，则应掀裙膜通风降温。翌年春季遇高温也应及时通风降温。

四季盖膜，避雨栽培。雨水是诱发芦笋茎枯病的主要因素。四季盖膜对芦笋生产十分有利，第一，芦笋避雨生长，可减少芦笋病害的发生，减少农药的用量，达到芦笋无污染生产；第二，因顶膜能避免阳光直射，又四周通风，在高温炎热的夏季，盖膜可隔热降温，有利于芦笋正常生长；第三,四季盖膜结合防虫网和滴灌技术，有利于芦笋健壮生长，减少害虫为害，可大幅度减少农药用量，明显降低农药残留量，实现芦笋优质、高产、高效生产；第四，冬季盖膜，可使芦笋早采，实现春笋冬采，增产增收。

六、大棚温度管理

出笋期白天将棚内气温（指距畦面 1.5 m 处气温）控制在 25 ℃左右（最高不超过 30 ℃），夜间保持在 12 ℃以上。如棚内气温达 35 ℃以上，则打开大棚两侧、两端，掀裙膜通风降温。冬季低温期间采用大棚多层覆盖，即大棚双膜套中棚再加小拱棚和盖地膜保温，如遇到气温低于 –2 ℃时，须在棚内小拱棚上加盖草帘、无纺布等覆盖物，以确保棚内气温不低于 5 ℃。（如图 5–17 和图 5–18 所示）

 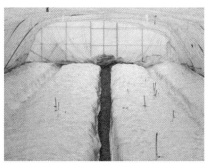

a. 大棚加地膜保温　　　　　　　　b. 大棚加中棚保温

图 5–17　大棚温度管理

图 5–18　同一大棚内覆盖地膜与不覆盖地膜的出笋比较

七、母茎留养技术

清园消毒，留养秋母茎。8月中旬降温后，将芦笋母株清除，彻底清园，用40%多·锰锌可湿性粉剂浇洒畦面消毒。选择晴朗天气，将直径1 cm以上、无病虫斑、生长健壮的嫩茎作为母茎，每棵盘留养母茎15～20根，做到母茎粗壮、无病，分布均匀。(如图5-19和图5-20所示)

图 5-19　芦笋的春、秋留养母茎

图 5-20　留养母茎后芦笋的生长

适时留养春母茎。3月底4月初进行土壤消毒，再适量留养春母茎。一般二年生芦笋留2～3根，三年生芦笋留3～4根，四年以上生的芦笋留5～6根，棵盘大的可适当多留。

第五节　清园技术及土壤障碍调控

一、清园技术

清园是将芦笋地上部的茎枝清除、运出田外的处理方式。清园的目的是将地上茎枝清除到远离笋田的地方销毁，并对地表进行喷药消毒（如图5-21所示），达到消灭地上病害的效果。如果清园彻底，而且药物喷洒得当，可减轻病害50%以上。

图5-21　清园后消毒

夏季清园。7月下旬至8月初，选晴天割除地上植株、杂草，并搬出笋田集中销毁。先将干枯的地上茎枝杂物清理干净，运出笋田，清出的茎枝可作燃料，也可沤制肥料，还可以作饲料，但决不能堆放于笋田附近。因为老的茎枝上带有大量的病原菌，如不及时处理，将是病害的传染源。在各笋区均发现，凡是地头堆放老茎枝的地方，附近的茎枯病就发生严重。有的地方，顺风从一头点燃枯茎，顺行燃烧，最后在笋行留下1行炭灰。这种方法省工简单，对消灭病害有利，但将大量的有机原料付之一炬实在可惜。清园后，要利用采笋前温暖的晴天扒开根盘、去掉残桩后晾晒1～2天。这样可以消灭部分土传病菌，并可提高地温，促进鳞芽的分化。同时，用40%多·锰锌可湿性

粉剂 600 倍稀释液灌根，以预防和治疗根部病害。一株可用一碗药水浇根，也可用喷雾器去撑喷头直接喷根盘，大面积的可用药泵喷灌。灌根时待药剂下渗后再重新将根盘埋好。根盘上部覆土厚 5～10 cm，镇压覆土增加嫩茎顶土的压强，以增加嫩茎粗度。松土后浇 40% 多·锰锌可湿性粉剂 600 倍稀释液等杀菌剂进行土壤消毒。

冬季清园。每年的 12 月，待芦笋母茎开始枯黄时抓紧做好清园工作，及时割除地上植株与杂草，后用石硫合剂进行土壤消毒。

二、土壤障碍与调控

通过我们日常的调查发现，因为种植芦笋经济效益较好，所以种植户肯向芦笋基地投入，特别是为了获取更高的产量，种植户投入了大量的肥料，导致芦笋基地土壤的有效磷和速效钾含量均较高，土壤酸化严重。我们在不同年份分别对浙江省杭州市富阳区、慈溪市、平湖市、长兴县等地的芦笋园地土壤进行过取样检测，各地的土壤养分状况见表 5-1。

表 5-1　芦笋园地土壤养分状况及种植年限

取样地点	编号	pH	有机质 /（g/kg）	有效磷 /（mg/kg）	速效钾 /（mg/kg）	全氮 /（g/kg）	种植年限 / 年
富阳	1	7.41	35.20	279.82	285.90	2.19	2
	2	5.88	28.30	273.83	177.40	1.46	2
	3	5.63	24.70	31.22	187.30	1.57	2
	4	7.21	27.70	434.83	68.80	1.48	2
	5	5.56	32.60	214.80	171.20	1.99	5
	6	6.53	30.80	189.56	150.70	1.97	2
	7	4.86	27.40	365.66	345.40	1.70	5
	8	5.06	22.70	67.72	140.50	1.39	2
	9	5.41	22.90	504.12	298.60	1.40	5
	10	4.68	21.10	130.19	137.80	1.32	5

续表

取样地点	编号	pH	有机质 /（g/kg）	有效磷 /（mg/kg）	速效钾 /（mg/kg）	全氮 /（g/kg）	种植年限 / 年
富阳	11	4.96	35.50	361.58	216.90	1.99	5
	12	4.34	21.50	230.72	256.30	1.42	5
	13	5.07	25.20	72.60	202.00	1.45	2
	14	4.48	26.80	260.04	171.20	1.58	5
	15	5.39	32.90	345.98	557.20	2.34	8
	16	—	—	507.90	696.00	1.43	8
	17	—	—	452.40	459.00	1.42	8
	18	—	—	1 054.20	755.00	1.80	13
	19	—	—	804.10	578.00	1.78	13
	20	—	—	909.40	520.00	1.64	13
	21	—	—	697.70	489.00	1.60	13
	22	—	—	722.00	933.00	1.70	23
	23	—	—	886.70	1 288.00	1.81	23
	24	—	—	818.00	1 229.00	1.80	23
	25	—	—	1 072.60	1 792.00	1.88	23
慈溪	26	6.96	8.12	35.30	405.00	1.04	2
平湖	27	5.14	53.65	1 324.50	1 148.00	—	9
	28	4.21	61.56	1 096.95	1 127.00	—	9
	29	4.45	66.04	717.17	1 337.00	—	9
	30	6.20	100.43	1 407.35	1 584.00	—	9
	31	6.34	113.00	780.00	3 274.00	7.64	15
	32	6.72	127.00	501.50	3 131.00	8.00	15
	33	6.22	95.10	783.00	3 274.00	6.54	15
长兴	34	4.75	42.45	145.95	420.00	—	3
	35	4.65	32.06	67.91	358.00	—	3
	36	5.40	38.43	67.14	320.00	—	3

续表

取样地点	编号	pH	有机质 / (g/kg)	有效磷 / (mg/kg)	速效钾 / (mg/kg)	全氮 / (g/kg)	种植年限 / 年
长兴	37	4.65	36.03	219.43	640.00	—	5
	38	4.95	39.23	128.31	492.00	—	3
	39	5.68	33.34	30.06	159.00	—	1
	40	6.56	47.87	119.77	435.00	—	3
	41	6.63	27.99	56.24	385.00	—	3
	42	5.10	44.67	192.51	536.00	—	5
平均值	—	—	43.20	460.97	741.22	2.25	—
标准差	—	—	28.15	383.35	814.94	1.81	—
变异系数	—	—	0.65	0.83	1.10	0.80	—

从表 5-1 可以看出，芦笋园地的 pH 值为 4.21 ~ 7.41。总体上，以酸性土壤为主，60% 以上呈酸性或强酸性。其中，pH 值为 6.5 ~ 7.5 的中性土壤占比 19%，pH 值为 5.5 ~ 6.5 的微酸性土壤占比 19%，pH 值为 4.5 ~ 5.5 的酸性土壤占比 50%，pH 值 ≤ 4.5 的强酸性土壤占比 11%（如图 5-22 所示）。

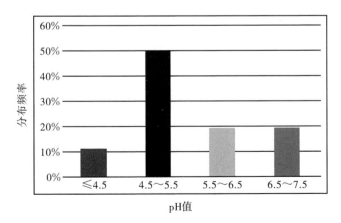

图 5-22　芦笋园地土壤 pH 值分布频率

　　芦笋园地抽样点的有机质平均含量为 43.20 g/kg，全氮平均含量为 2.25 g/kg，有效磷平均含量为 460.97 mg/kg，速效钾平均含量为 741.22 mg/kg，均显著高于浙江省旱地土样养分的平均水平。其中有效磷平均含量是浙江省旱地平均水平的 3.6 倍，是水田平均水平的 17.6 倍，最高达 1 407.35 mg/kg；速效钾平均含量是浙江省旱地平均水平的 5 倍，是水田平均水平的 9.7 倍，最高达 3 274.00 mg/kg。据观察，部分地区芦笋棚内有明显的次生盐渍化现象（如图 5-23 所示）。

图 5-23　芦笋园地的次生盐渍化现象

　　各取样点之间的养分变化差异也比较大。有机质含量变异系数为 0.65，有效磷含量变异系数为 0.83，速效钾含量变异系数为 1.10，全氮含量变异系数为 0.80。

　　分析发现芦笋园地土壤养分含量与种植年限之间有密切关系，以富阳区样本进行分析，对土壤全氮、有机质、有效磷、速效钾和 pH 值与种植年限之间进行相关性检验。结果显示，全氮和有机质与种植年限之间相关性较弱，相关系数分别为 0.212、0.104。有效磷和速效钾含量与种植年限之间呈现显著正相关关系，相关系数分别达 0.849 和 0.920，说明种植年限越长，土壤中有效磷和速效钾的含量越高。pH 值与种植年限之间呈负相关关系，相关系数为 -0.539，表示种植年限越

长，土壤 pH 值越低，土壤酸化的趋势越明显。

土壤酸化及营养元素的不平衡，将引起土壤微生物种群发生改变，加剧芦笋基地的连作障碍。芦笋田的连作障碍已引起严重的根腐病、茎枯病等病害，导致芦笋产量明显下降，品质变差等。

要调控土壤障碍，主要措施为增施有机肥、对土壤进行消毒处理、水旱轮作等。首先是增施有机肥。有机肥一方面可以增加土壤肥力，补充芦笋生长需要的有机质和各种微量元素，增加芦笋产量；另一方面可以改善土壤理化性状，减少病害的发生。其次是土壤消毒。连茬一次的芦笋基地，采用 50% 代森锰锌可湿性粉剂 1 000 倍稀释液进行土壤消毒。连茬多次的芦笋老基地最好用进口石灰氮（氰氨化钙）进行生态消毒。春季和秋季母茎留养前期，在畦两侧距根盘 30 ～ 40 cm 处开深 5 cm 的浅沟，施石灰氮（德国产氰氨化钙颗粒剂）20 kg/ 亩，然后覆土与畦面平，并浇水使土壤湿润，同时保持植株地上部无明水。定植前 20 ～ 30 天，在较高温度条件下，选连续 3 ～ 4 天的晴好天气，全田撒施石灰氮 40 ～ 60 kg/ 亩，连同前茬芦笋残株、根盘，深翻 20 cm 入土，盖地膜，膜下灌水至地面不见明显水下渗（大棚则加盖天膜），期间保持土壤湿润，15 ～ 20 天后掀膜松土，揭膜散气 2 ～ 3 天后种植。再次是水旱轮作。即在芦笋换茬时，种 1 ～ 2 年水生作物，以较长时间淹水制造无氧环境来抑制土壤中的有害病菌的一种方法，效果也较好。一般种水稻、茭白、莲藕等水生作物。

为改善芦笋基地的土壤环境，施肥时需注意以下几点。一是安全施用有机肥。为满足芦笋的快速生长，种植户施用的有机肥较多，但目前的商品有机肥大多由大型畜禽养殖企业的废弃物加工而成。由于在养殖过程中使用了添加剂及抗生素，导致商品有机肥的使用存在一定的安全隐患，因此要安全施用商品有机肥。有机肥含养分全面，肥效长，且能改善土壤结构，利于芦笋根系的发育，可提高土壤的保水、保肥力，因此，施用有机肥有显著的增产和改善芦笋品质的效果。但是大量施用有机肥一定要保证它的安全性，建议在施用之前对有机肥的品质和重金属含量等进行检测，以保证园地土壤安全性。另外，农民自行施用农家肥、羊粪、鸡粪等有机肥的一定要经过堆沤发酵处理，这样不仅能杀死携带的病原菌，而且能避免造成烧苗。二是合理施用化肥。化肥施用量过大容易引起土壤板结、酸化和次生盐渍化，影响根盘的生长和幼茎的孕育。建议根据养分平衡法，针对目标产量按需供给养分量，避免多余养分在土壤中的过量累积。同时，改进施肥结构，根据芦笋对氮、磷、钾的吸收规律，合理调整养分比例，这样既能节省不必要的养分投入，又能保持供给平衡，优化土壤环境。三是改进施肥方式。传统的表面撒施和沟施的施肥方式存在较大弊端，一方面肥料养分主要集中在土壤表层，难以被深层根系吸收利用，造成肥料利用率不高、土壤表层养分累积、土壤环境恶化的现象；另一方面人工施肥费工费力，成本高，效率低，影响生产水平。建议逐步向水肥一体化施肥改进，这样不仅能省工省力，提高效率，节约成本，而且能实现肥随水走，水肥耦合，促进根系对养分的吸收，提高肥料利用率，减少肥料投入，保持土壤环境良性健康。

为有效改进芦笋基地的土壤环境，建议采取如下施肥方案。

第一，整地施基肥。移栽前 10～15 天深翻土壤，开深 45 cm 的种植沟，6 m 棚开 4 条，8 m 棚开 5 条，沟内每亩施入腐熟有机肥 2 000～3 000 kg、三元复合肥 30～40 kg、钙镁磷肥 50 kg，然后覆土盖平种植沟。

第二，水肥管理。春母茎留养前 7～10 天每亩沟施三元复合肥 25 kg，留茎后一个月即春母茎留养成株后每亩施三元复合肥 10～15 kg。夏笋采收期间，一般在前期间隔 20 天、后期间隔 15 天追肥一次，用量为每亩施三元复合肥 20～30 kg，共施 2～3 次。春母茎拔除后秋母茎留养前沟施三元复合肥 25 kg。秋母茎留养后，视植株长势，一般早期阶段可间隔 15 天每亩施三元复合肥 15～20 kg，共施

2～3次，中后期可间隔7～10天喷施一次含钾叶面肥。冬季有机肥于12月中下旬拔秆清园后深施，每亩沟施腐熟有机肥1 500 kg加三元复合肥30～50 kg。对缺硼、锌、钼等中微量元素的田块，要注意养茎前施肥时及时补充。

第三，提倡利用滴灌方式进行水肥同灌。在春母茎与秋母茎留养期间滴灌追施1～2次高氮型水溶性肥，每亩用量为6～8 kg，每10天施1次；在夏秋季采笋期滴灌追施水溶性肥，高氮型1次与高钾型2次交替使用，一般每10～15天按每亩6～8 kg追施一次，总共10～12次，滴灌施肥浓度0.2%～0.5%，期间不必同时追施复合肥。

参考文献

［1］石伟勇. 植物营养诊断与施肥［M］. 北京：中国农业出版社，
2005.

［2］高祥照，申朓，郑义，等. 肥料实用手册［M］. 北京：中国农
业出版社，2002.

［3］何念祖，孟赐福. 植物营养原理［M］. 上海：上海科学技术出版社，
1987.

［4］徐明岗，曾希柏，周世伟，等. 施肥与土壤重金属污染修复［M］.
北京：科学出版社，2014.

［5］李书华. 芦笋标准化栽培技术［M］. 北京：中国农业出版社，
2004.

［6］陈光宇. 芦笋无公害生产技术［M］. 北京：中国农业出版社，
2005.

［7］王奎瑜，康家驹，高安福，等. 芦笋高产优质栽培新技术［M］.
天津：天津教育出版社，1993.

［8］林孟勇. 芦笋高产栽培［M］. 北京：金盾出版社，2008.

［9］姚世东，刘光学，刘志民. 芦笋栽培必读［M］. 武汉：湖北科
学技术出版社，2007.

［10］沈火林，张文. 芦笋丰产栽培新技术［M］. 北京：知识出版社，
2000.

［11］于继庆. 芦笋栽培及加工新技术［M］. 北京：中国农业出版社，

1996.

[12] 尹家峰，李日新，王普民.芦笋产量与水分的关系 [J].水利 天地，2002（6）：40-41.

[13] 卜克强.芦笋速生高产栽培技术 [M].北京：金盾出版社， 2008.

[14] 梁雷，何莉，胡宁.硼、锰、锌、钼对芦笋产量和品质的影响[J]. 吉林农业大学学报，2009，31（3）：297-300.

[15] 张殿英.芦笋 [M].北京：中国展望出版社，1985.

[16] 叶劲松.芦笋新品种及高产优质栽培技术 [M].北京：台海 出版社，2003.

[17] 徐宏，史学明，黄志勇，等.土壤保水剂在芦笋上的应用效果[J]. 江西农业学报，2011，23（8）：14-16.

[18] 陆锡康，陈忠，陈泉生，等.不同氮肥用量对绿芦笋的影响 [J]. 上海农业学报，2005，21（4）：75-77.

[19] 杨林，李书华，李霞，等.不同氮磷钾配施对芦笋生长和产量的 影响 [J].农学学报，2017，7（2）：48-54.

[20] 张瑞富，杨恒山，刘晶，等.不同钾肥用量对绿芦笋产量及营养 品质的影响 [J].中国农学通报，2013，29（28）：165-168.

[21] 杨新琴，陈能阜，卢钢，等.浙江省芦笋产业发展的探讨 [J]. 浙江农业科学，2014（6）：811-812，815.

附录：浙江省地方标准《大棚绿芦笋生产技术规程》

ICS 65.020.01
B05

DB33

浙 江 省 地 方 标 准

DB33/T 717—2016
代替 DB33/T 717—2008

大棚绿芦笋生产技术规程

Green asparagus production technical regulation for greenhouse

2016－12－31 发布   2017－01－31 实施

浙江省质量技术监督局　发布

前　言

本标准依据 GB/T 1.1—2009 的规则起草

本标准代替 DB33/T 717—2008《无公害绿芦笋大棚生产技术规程》，除编辑性修改外主要技术变化如下：

——灌溉水水质要求修改为"应达到 GB 5084 的要求"（见 5.2.2，2008 版的 5.2.2）；

——新增施肥设备（见 5.2.4）；

——"生产技术"修改为"栽培技术"，对"品种选择、播种时间及育苗、种植密度、水分管理、追肥"等相关内容进行调整（见"6　栽培技术"）；

——删除"防病保茎"（见 2008 版 6.8.6），防病部分统一放在病虫害防治类目中；

——增加了肥水同灌技术要求（见 6.5.6）；

——增加了病虫害防治原则以及生物防治等内容（见 7）；

——增加了采笋方法、采后处理等内容（见 8.2、8.3）；

——增加了禁止使用农药清单（见附录 A）；

——增加大棚绿芦笋标准化生产模式图（见附录 B）。

本标准由浙江省农业厅提出。

本标准由浙江省种植业标准化技术委员会归口。

本标准起草单位：浙江省种植业管理局、杭州市富阳区农业技术推广中心。

本标准主要起草人：杨新琴、陈能阜、章钢明、章忠梅、徐云焕、毛土有、杜叶红、吕文君、叶飞华、毛晓梅、周慧芬、孔海民。

大棚绿芦笋生产技术规程

1 范围

本标准规定了大棚绿芦笋生产的产地选择、田间设施、栽培技术、病虫害防治、采收等要求。本标准适用于大棚绿芦笋生产。

2 规范性引用文件

下列文件对于本文件的应用是必不可少的。凡是注日期的引用文件，仅所注日期的版本适用于本文件。凡是不注日期的引用文件，其最新版本（包括所有的修改单）适用于本文件。

GB 4285　　农药安全使用标准

GB 5084　　农田灌溉水质标准

NY/T 496　肥料合理使用准则　　通则

NY/T 1276　农药安全使用规范　　总则

NY/T 5010　无公害农产品　种植业产地环境条件

3 术语和定义

下列术语和定义适用于本文件。

3.1 绿芦笋

光照条件下生长的未经培土软化而形成的绿色或紫色嫩茎。

3.2 鳞芽

芽外面包有鳞片的部分。

3.3 母茎

由新生嫩茎培育而成，为地下贮存根、鳞芽萌发及嫩茎生长提供养分的地上部分植株。

4 产地选择

4.1 产地环境

生产区的生态应符合 NY/T 5010 的规定。

4.2 选地要求

选择地势平坦、地下水位较低、排灌方便、土层深厚、土质疏松、肥力较好、pH 值为 6.0 ～ 7.5 的壤土或沙壤土。黏土应经土壤改良后方可种植。

5 田间设施

5.1 大棚

5.1.1 棚架

采用热浸镀锌薄壁钢管、竹材等为棚架材料。单体钢架拱形棚一般以棚宽 8 m 或 6 m，棚长不超过 60 m 为宜；连体钢架大棚连栋数量不超过 10 栋。棚架强度达到当地农用大棚的抗风抗雪要求。

5.1.2 覆膜

棚架顶部覆盖多功能大棚膜，膜厚 0.06 ～ 0.08 mm，薄膜宽度为棚宽加 2.0 ～ 3.0 m；裙膜厚度 0.06 ～ 0.08 mm。

5.2 灌水施肥系统

5.2.1 组成

滴灌系统由 "水源—水泵—总过滤器—地下输水管—水阀—末端过滤器—田间输水管—滴灌管" 组成。

5.2.2 水源

采用河、塘、沟、池、井等水源，其水质应符合 GB 5084—92 的要求。

5.2.3 水泵

根据灌溉面积和水源情况，选用合适流量和扬程的水泵。若水源高于田块 10 m 以上，可以自流灌溉。

5.2.4 过滤与施肥设备

应用内镶式滴灌管需安装不少于 120 目的网式过滤器或叠片式过滤器。根据种植规模配备施肥装置，可采用比例施肥器、文丘里注肥器等。

5.2.5 输水管

水源至田块的地下输水管管径依输水流量而定；棚内的地面输水管宜采用 ϕ25 mm 的黑色聚乙烯管。

5.2.6 滴灌管

采用内镶式滴灌管，每畦铺设 2 条或 1 条。

6 栽培技术

6.1 品种选择

因地制宜选用早熟、优质丰产、抗逆性强、适应性广、商品性佳的杂交一代品种，如"格兰蒂 F_1""阿特拉斯 F_1"等。

6.2 播种育苗

6.2.1 播种时间

春播：3 月中旬至 5 月上旬，秋播：8 月下旬至 9 月上旬。

6.2.2 用种量

每亩大田用种量为 40 ～ 50 g。

6.2.3 营养土配制

将未种过芦笋的园土过筛，每立方米的园土均匀拌入腐熟有机肥 100 ～ 150 kg 配制成营养土。将营养土装入 6 cm×6 cm 至 10 cm×10 cm

节水省肥
绿色高效生产技术

的塑料营养钵或 32 孔穴盘,并将其整实备用,也可将商品基质作为营养土。每亩大田应备营养钵 1 800 ～ 2 200 个。采用苗床地育苗时,可按配置营养土的方法培肥育苗床土。

6.2.4　播前种子处理

6.2.4.1　处理与浸种

未经包衣处理的种子经清洗后在 55 ℃的温水中浸 15 min,期间不断搅拌;或在常温下用 50％多菌灵可湿性粉剂 250 倍稀释液浸种消毒 6 h 后捞出,用清水冲洗干净。

将种子置于 25 ～ 30 ℃清水,春播浸 72 h,秋播浸 48 h,浸种期间换水漂洗 2 ～ 3 次。

6.2.4.2　催芽

浸种后的种子在 25 ～ 28 ℃条件下保湿催芽,待 20% 左右的种子露白后即可播种。

6.2.5　播种

播种前一天将营养土浇透水,单粒点播,深度为 1.0 cm,然后盖含水量 55％ ～ 65％ 的营养土至播种穴平,铺上稻草或遮阳网保湿。春季播种应盖地膜、搭小拱棚或大棚内保温保湿。

6.2.6　苗期管理

播后适当浇水,保持床土湿润。20% ～ 30% 幼芽出土后及时揭去稻草和地膜,苗床温度白天 20 ～ 25 ℃,最高不超过 30 ℃,夜间以 15 ～ 18 ℃为宜,最低不低于 13 ℃。注意通风换气、控温降湿。当幼苗高 15 ～ 20 cm 时,加强通风换气,使幼苗适应外界环境。秋播苗在冬季地上部枯萎后,及时割去地上部清园过冬。

6.2.7　壮苗标准

6.2.7.1　春播苗标准

苗龄 45 ～ 60 天，苗高 30 cm 以上，有 3 ～ 4 根地上茎、5 条以上肉质根，鳞芽饱满，无病虫害。穴盘育苗的苗龄 35 ～ 45 天，苗高 20 ～ 30 cm，有 3 根以上地上茎。

6.2.7.2　秋播苗标准

次年春季定植的，苗龄 180 ～ 200 天，苗高 40 ～ 50 cm，有 4 ～ 5 根地上茎、5 条以上肉质根，鳞芽饱满，无病虫害。当年秋季定植的，苗龄 30 ～ 35 天，苗高 20 ～ 25 cm，有 3 根以上地上茎。

6.3　整地施基肥

移栽前 30 ～ 40 天深翻土壤，开深 35 ～ 40 cm 的种植沟，6 m 棚开 4 条，8 m 棚开 5 ～ 6 条，每亩施入腐熟有机肥 2 000 ～ 3 000 kg、三元复混（合）肥 30 ～ 40 kg、钙镁磷肥 50 kg。

6.4　移栽

6.4.1　移栽时间

春播苗于 5 月上旬至 6 月下旬移栽；秋播苗于翌年 3 月下旬至 4 月上旬移栽，也可于 9 月下旬至 10 月上旬移栽。

6.4.2　移栽方式

秧苗大小分级、带土移栽、单行种植。行距 1.3 ～ 1.6 m，株距 25 ～ 35 cm，每亩种植密度为 1 300 ～ 1 700 株。移栽后及时浇定根水。

6.5　田间管理

6.5.1　大棚覆膜

冬季覆膜保温增温可于 12 月中旬至 12 月底进行，为促进春笋提早采收，冬季低温期间应采用多层膜覆盖保温。春母茎留养在覆膜大棚内进行，

夏秋季保留顶膜避雨栽培。

6.5.2　中耕除草培土

定植后如有草害及时中耕除草，保持土壤疏松。中耕时结合培土，同时应避免伤及嫩茎和根系。

6.5.3　温度管理

出笋期白天棚内气温控制在 25 ～ 30 ℃，夜间保持 12 ℃以上。如棚温超过 35 ℃，应打开大棚两端，掀裙膜通风降温。冬季低温期间采用大棚套中棚和小拱棚保温，如棚外气温低于 0 ℃，应在棚内小拱棚上加盖草帘、无纺布等覆盖物，以确保棚内气温不低于 5 ℃。

6.5.4　水分管理

6.5.4.1　科学灌水

根据不同生育期进行水分管理，采用滴灌定时定量灌水。

6.5.4.2　幼株期

幼株期保持土壤湿润，促进活棵。活棵后控水促根，遵循"少量多次"的灌水原则，土壤持水量保持 60% 左右。

6.5.4.3　成株期

留母茎期间土壤控湿，持水量保持 50% ～ 60%；采笋期间土壤保湿，持水量保持 70% ～ 80%。

6.5.5　留养母茎

6.5.5.1　母茎质量要求

选留的嫩茎直径 1 cm 以上、无病虫斑、生长健壮且分布均匀。

6.5.5.2　春母茎

宜在 3 月下旬至 4 月上旬留春母茎，二年生每棵盘留 2 ～ 4 支，三年生每棵盘留 4 ～ 6 支，四年生及以上每棵盘留 6 ～ 8 支，均匀留养。春母茎经过 4 个月生长进入衰老期后应拔秆清园。

6.5.5.3 秋母茎

秋母茎留养宜在 8 月中下旬进行，三年生以内每棵盘留 6 ～ 10 支，三年生以上每棵盘留 10 ～ 15 支，均匀留养。11 月下旬至 12 月上旬秋母茎逐渐枯黄时即可进行拔秆清园。

6.5.5.4 疏枝打顶与防倒伏

母茎留养期间，棚内笋株应及时整枝疏枝。母茎长至 50 ～ 80 cm 高时，应及时打桩、拉绳以固定植株。母茎长至 120 cm 高时，摘除顶芽以控制植株高度。

6.5.6 追肥

追肥按 NY/T 496 执行。春母茎留养成株后每亩施三元复混（合）肥 10 ～ 15 kg。夏笋采收期间，前期间隔 20 天、后期间隔 15 天追肥一次，每亩用量为三元复（混）合肥 15 ～ 20 kg，共 2 ～ 3 次。春母茎拔除后秋母茎留养前沟施腐熟有机肥 1 000 kg 或三元复混（合）肥 25 kg。秋母茎留养后，视植株长势，前期可间隔 15 天每亩加三元复混（合）肥 15 ～ 20 kg，共 2 ～ 3 次；后期可结合防病治虫喷施 1 ～ 2 次含钾叶面肥。12 月中下旬冬季拔秆清园后，沟施腐熟有机肥每亩 1 500 kg 加三元复混（合）肥 30 ～ 50 kg。对缺钙、硼、锌等中微量元素的田块，结合冬季施肥补充。

或可采用肥水同灌进行追肥。春母茎、秋母茎留养期间滴灌追施 1 ～ 2 次高氮型水溶性肥，每亩用量为 6 ～ 8 kg，每 10 天一次；在夏秋季采笋期滴灌追施水溶性肥，高氮型一次与高钾型两次交替使用，一般每 10 ～ 15 天按每亩 6 ～ 8 kg 追施一次，共 10 ～ 12 次。滴灌施肥浓度 0.2% ～ 0.5%。

7　病虫害防治

7.1　主要病虫害

病害主要有茎枯病、根腐病、褐斑病、灰霉病等；虫害主要有蓟马、

蚜虫、斜纹夜蛾、甜菜夜蛾、蝼蛄等。

7.2 防治原则

遵循"预防为主，综合防治"的植保方针，优先采用农业防治、物理防治、生物防治等技术，合理使用高效、低毒、低残留的化学农药，将有害生物为害控制在经济允许阈值内。

7.3 农业防治

选用优良抗病品种和无病种苗，及时盖膜避雨栽培。加强生产场地管理，保持环境清洁。做好夏笋采收结束和秋笋采收结束时的二次清园。合理密植，科学排灌、施肥。及时清除病残株，并集中销毁。

7.4 物理防治

采用杀虫灯（或黑光灯）、昆虫性诱剂、粘虫板等诱杀害虫。夏季大棚覆盖顶膜，裙膜改成防虫网隔离防虫。

7.5 生物防治

保护和利用天敌，控制病虫害的发生和为害。使用印楝素、乙蒜素等生物农药防病避虫。

7.6 化学防治

农药使用按 GB/T 4285 和 NY/T 1276 的规定执行。选用已登记的农药或经农业推广部门试验后推荐的高效、低毒、低残留的农药品种，避免长期使用单一农药品种；优先使用植物源农药、矿物源农药及生物源农药。禁止使用高毒、高残留农药；禁止使用农药的种类见附录 A。

7.7 主要病虫害防治方案

具体防治方案见附录 A。

8 采收

8.1 采收时间

春笋采收期为 1 月下旬至 4 月上旬，夏笋采收期为 5 月中旬至 8 月中旬，秋笋采收期为 9 月中旬至 11 月上旬。每天早晨采收一次，夏季可早晚各采收一次。

8.2 采笋方法

待芦笋长至 25 ～ 30 cm 时，用手握住基部，将其轻轻扭转、拔起。

8.3 采后处理

芦笋采收后先剔除有病虫、弯曲、头部开放或机械损伤的幼茎，再分级整理。于采收后 6 h 内完成预冷，保鲜温度控制在 2 ～ 5 ℃。

9 标准化生产模式图

大棚绿芦笋标准化生产技术模式图见附录 B。

节水省肥
绿色高效生产技术

附录 A

（规范性附录）
主要病虫害及其防治方法

A.1 禁止使用的农药

六六六、滴滴涕、毒杀芬、二溴氯丙烷、杀虫脒、二溴乙烷、除草醚、艾氏剂、狄氏剂、汞制剂、砷、铅类、敌枯双、氟乙酰胺、甘氟、毒鼠强、氟乙酸钠、毒鼠硅、甲胺磷、氟虫腈、甲基对硫磷、对硫磷、久效磷、磷胺、甲拌磷、甲基异柳磷、特丁硫磷、甲基硫环磷、治螟磷、磷化钙、磷化镁、磷化锌、硫线磷、内吸磷、克百威、涕灭威、灭线磷、硫环磷、蝇毒磷、地虫硫磷、氯唑磷、苯线磷、氧化乐果、五氯酚钠、三氯杀螨醇、氯磺隆、胺苯磺隆、甲磺隆、福美肿、福美甲肿、毒死蜱、三唑磷等其他高毒、高残留农药。

A.2 主要病虫害及其防治方法

主要病虫害及其防治方法见表 A.1。

表 A.1 主要病虫害及其防治方法

主要病虫害	为害症状	防治方法
茎枯病	主要为害茎、侧枝。开始在茎上出现水浸状斑点，扩大成梭形或线形暗褐色斑，最后呈长纺锤形或椭圆形，中央赤褐色，凹陷，其上散生许多黑色小粒点，病斑绕茎一周后，病部以上的茎叶干枯，严重地块似火烧状	①因地制宜选用抗病优良品种。②加强栽培管理，科学施肥，增施磷钾肥，提高植株抗病力；科学灌溉，雨后及时排水。③在清园和发病初期可用 25% 吡唑醚菌酯乳剂 2 000 倍稀释液，或 80% 代森锰锌可湿性粉剂 800 倍稀释液，或 80% 乙蒜素乳剂 800 ～ 1 000 倍稀释液等。每隔 7 天浇根 1 次，连续浇 2 ～ 3 次。采收前 15 ～ 20 天应停止用药

续表

主要病虫害	为害症状	防治方法
褐斑病	主要为害茎秆、侧枝及拟叶柄。枝杆发病产生圆形至椭圆形中间淡褐色、边缘深褐色或红褐色病斑。发病严重时，病斑布满整个枝杆，植株干枯死亡	①80%代森锰锌可湿性粉剂800倍稀释溶液；②50%异菌脲可湿性粉剂1 000～1 500倍稀释液等；兑水喷雾，视病情隔7～10天1次
根腐病	主要为害根部，病菌侵染后根部腐烂，仅留根的表皮，呈赤紫色，植株矮小、黄化、枯死	①石灰粉或石灰氮土壤消毒处理；②75%敌克松可湿性粉剂800～1 000倍稀释液等处理
蓟马、蚜虫	多为害嫩茎。阴雾天为害严重，能使叶片卷缩，嫩茎扭曲，生长停止，造成严重减产	①采用黄色粘虫板诱杀，在植株群体上方20～30 cm按每亩放置25～30块（规格：25 cm×40 cm）。②在初发生时用2.5%乙基多杀菌素悬浮剂1 500倍稀释液，或10%吡虫啉可湿性粉剂2 000倍稀释液，或1.8%阿维菌素乳油3 000～6 000倍稀释液等喷雾防治。每隔7～10天喷1次，共喷施1～2次
斜纹夜蛾、甜菜夜蛾	主要以幼虫为害全株，小龄时群集于背啃食。3龄后分散为害叶片、嫩茎。其食性较杂，可为害各器官，老龄时形成暴食，是一种为害性很大的害虫。幼虫体色变化很大，主要有3种：淡绿色、黑褐色、土黄色	①采用杀虫灯或黑光灯诱杀成虫。②悬挂斜纹夜蛾、甜菜夜蛾诱捕器，内置性诱剂诱捕成虫，每亩分别悬挂1～2个，高度以1.5～2 m为宜，每4～6周更换一次诱芯。③发现幼虫为害时，用5%甲氨基阿维菌素苯甲酸盐乳油6 000倍稀释液，或10%溴氰虫酰胺悬浮剂2 000倍稀释液，或5%氯虫苯甲酰胺悬浮剂1 500倍稀释液等喷雾防治。每隔7～10天喷1次，共喷施1～2次

节水省肥
绿色高效生产技术

续表

主要病虫害	为害症状	防治方法
蝼蛄等地下害虫	将种子、幼芽或幼苗的根茎部咬断，被咬处成乱麻状，造成幼苗凋枯死亡	1%联苯·噻虫胺颗粒剂每亩土壤撒施3～4 kg

附录 B（略）